ART

DE

CONSTRUIRE ET DE GOUVERNER LES SERRES.

IMPRIMÉ PAR PLON FRÈRES, 36, RUE DE VAUGIRARD, A PARIS.

ART

DE CONSTRUIRE ET DE GOUVERNER

LES SERRES,

PAR

NEUMANN,

Jardinier en chef au Muséum d'histoire naturelle de Paris et chargé de la direction des Serres ; membre de la Société royale d'Horticulture ,
membre correspondant de la Société royale et centrale d'Agriculture de la Seine ; de la Société d'Agriculture de Brest ; membre des Sociétés d'Horticulture de Meaux,
de l'Auvergne, de la Gironde, d'Orléans, de Caen, de Malines, de Leyde ; d'Agriculture et d'Horticulture de Châlon-sur-Saône ; Industrielle de Nantes ;
du Cantal, du Cercle pratique de la Seine-Inférieure ; collaborateur du Bon Jardinier, de la Revue horticole, etc.

DEUXIÈME ÉDITION,

Revue et augmentée de plusieurs articles et de deux planches gravées.

PARIS,

AUDOT, LIBRAIRE-ÉDITEUR,

RUE DU PAON, 8, ÉCOLE-DE-MÉDECINE.

1846
1845

AVANT-PROPOS.

Le livre que j'offre aujourd'hui au public est l'œuvre d'un praticien. Chargé depuis longues années de la direction des serres du Muséum d'histoire naturelle de Paris, comptées à juste titre au nombre des plus belles et des plus riches de l'Europe, j'ai cru rendre service à l'horticulture en publiant les procédés dont j'ai constamment obtenu les meilleurs résultats; l'ensemble de ces procédés ne constitue pas, d'ailleurs, une méthode à part dont j'aie la prétention de me dire l'inventeur.

Celui qui prendra ce livre pour guide peut être assuré d'avance que je ne propose rien dont je n'aie vérifié les avantages dans la pratique. Il est possible qu'ailleurs on arrive par d'autres procédés aux mêmes résultats; mais ceux que je décris, je les mets moi-même journellement en pratique avec succès : ils ont par conséquent pour eux la sanction du temps et celle de l'expérience.

C'est donc uniquement à titre d'horticulteur dévoué à la pratique que je m'adresse aux horticulteurs de profession et aux amateurs de la culture si attrayante des plantes de serre.

NEUMANN.

ART

DE

CONSTRUIRE ET DE GOUVERNER LES SERRES.

L'horticulture, dont le goût en France fait d'année en année de rapides progrès, a plus que jamais besoin des ressources de la culture artificielle. Long-temps nos pères se sont contentés, pour orner leurs jardins, du peu de fleurs que la nature accorde au climat de la France; ces fleurs, simples pour la plupart, venaient presque sans culture, comme il plaisait à Dieu : les serres, dans cet état de l'horticulture, auraient été sans emploi. Mais lorsque la découverte du passage aux Indes par le cap de Bonne-Espérance et, presque en même temps, la découverte bien plus importante du Nouveau-Monde eurent ouvert un vaste champ aux recherches du naturaliste, le cercle des connaissances humaines s'étendit indéfiniment, le domaine de l'horticulture s'agrandit; des jardins exclusivement consacrés à l'étude de la botanique furent fondés, d'abord en Italie, puis en France, puis partout où il s'établit des universités ou des écoles de médecine. La nécessité de joindre l'étude des plantes exotiques à celle des plantes indigènes fit construire les premières serres. Plus tard, la civilisation pénétrant dans les régions septentrionales, et avec elle le goût de l'horticulture, les serres permirent aux habitants des pays affligés de huit mois d'hiver de connaître les fleurs et même les fruits des contrées tropicales. Enfin, de nos jours, un jardin de quelque importance ne peut, pour ainsi dire, se passer d'une serre, et l'on peut dire qu'au moment où nous écrivons il n'est pas un propriétaire doué de quelque aisance, faisant construire une maison de campagne, qui ne songe à y joindre l'indispensable ornement d'une serre. Nous croyons donc répondre à l'un des besoins du moment pour l'horticulture française en publiant ce qu'une longue pratique et des études de tous les jours nous ont mis à même de réunir de notions sur un sujet d'un si puissant intérêt pour tous les vrais amis de la science horticulturale. Nous ajouterons, sans vouloir faire ici de l'idylle hors de propos, que plus que jamais les hommes qui ont joué un rôle dans les affaires de ce monde, fatigués, rebutés d'un long contact avec la perversité humaine, se retournent vers la nature, se réfugient parmi les fleurs : c'est à tous ceux qui apprécient le charme de ces douces études, les consolations, les joies vives et sans cesse renaissantes qu'elles peuvent offrir, que ce travail s'adresse ; ce sont les suffrages de cette partie du public que nous avons essayé de mériter.

CHAPITRE PREMIER.

DES SERRES EN GÉNÉRAL.

Avant de nous occuper des détails de construction des divers genres de serres, des moyens d'y entretenir la chaleur, et des soins à donner aux plantes qu'on y cultive, il est nécessaire de prendre d'un point de vue général un aperçu de notre sujet. Qu'est-ce qu'une serre, et dans quel but doit-elle être construite ? On peut définir une serre un bâtiment à toit vitré, destiné à servir d'abri à un certain nombre de végétaux qui ne peuvent supporter la température extérieure pendant une partie de l'année. De cette définition ressort le but de ces constructions : ce but, pris dans son sens le plus large, est de rendre possible la culture de toutes les plantes du globe hors du pays où la nature les a placées à l'état sauvage ; d'où il résulte que dans la construction d'une serre, quel que soit le genre de plantes qu'on se propose d'y cultiver, le problème à résoudre peut être exprimé par cette formule : Placer les végétaux dans les mêmes conditions que sous leur climat natal, ou le plus près possible de ces conditions. C'est à ce principe, dont il n'est jamais permis de s'écarter, que nous rapporterons tout ce que nous avons à dire sur la construction des serres en général. C'est en raison de ce principe que nous avons défini la serre un bâtiment à toit vitré. En effet, comme on le verra dans la suite de cet ouvrage, la lumière exerce la plus puissante influence sur la vie des végétaux ; or cet élément indispensable de la vie végétale n'est pas à notre disposition, et nous devons employer tous les moyens en notre pouvoir pour le dispenser avec entendement autour des plantes que nous sommes obligés de soustraire aux intempéries de la latitude sous laquelle nous vivons. Nous pouvons bien, par des moyens artificiels très-perfectionnés de nos jours, modifier à notre gré la température des serres ; l'état hygrométrique de l'atmosphère des serres est encore un élément très-puissant dont nous disposons sans restriction, depuis l'extrême sécheresse jusqu'au degré de saturation de l'air par la vapeur d'eau. Il n'en est pas de même de la lumière ; quand il n'y en a pas, il faut bien nous en passer : tout au plus pouvons-nous en modifier l'action quand elle nous semble trop vive ; mais si le ciel est sombre et brumeux, impossible de faire luire le soleil à volonté. C'est du moins pour ne rien perdre de ce que la nature accorde aux climats européens de lumière solaire, que les toits de nos serres doivent être formés de châssis vitrés. Nous admettons encore comme un principe applicable à toute espèce de serre que partout où la maçonnerie et la charpente ne sont pas indispensables elles doivent être considérées comme nuisibles, dans ce sens qu'il y en a toujours trop, et que tout ce qu'on peut en supprimer pour mettre des vitrages à la place est autant de gagné pour le bien-être des plantes de serre.

§ I. — Choix de l'emplacement : exposition, classification des serres.

On ne saurait apporter trop de soin dans le choix de l'emplacement sur lequel on se propose d'élever une serre. Il ne s'agit pas seulement de l'effet ornemental, qui pourtant ne doit point être négligé dans les choses de goût et d'agrément; il s'agit surtout des conditions qui peuvent influer sur la santé des végétaux que renfermera la serre : car, autant le véritable amateur recueille de jouissances journalières dans une serre bien tenue où les plantes exotiques végètent avec vigueur et fleurissent comme sous leur climat natal, autant le propriétaire inexpérimenté se prépare de déceptions et de dégoûts, lorsque, après avoir dépensé beaucoup d'argent à construire une serre, il y verra les plantes achetées à grands frais jaunir et dépérir pour quelque cause qu'il n'aura pas su prévoir. Les circonstances principales que réclame l'emplacement d'une serre sont: 1° un sol naturellement sain, exempt d'humidité souterraine; 2° une situation aérée quoique abritée, exempte du voisinage pernicieux des marais ou des fabriques à résidus malsains dont les exhalaisons porteraient la mortalité dans la serre; 3° enfin, une exposition convenable. Ce dernier point, le plus important de tous, mérite un sérieux examen.

L'*exposition*, dans le langage des horticulteurs, s'exprime par l'heure à laquelle les rayons solaires commencent à frapper directement sur le vitrage antérieur de la serre. C'est ainsi qu'on dit vulgairement que l'exposition d'*onze heures* convient aux serres chaudes, pour exprimer qu'elles doivent être orientées de manière à recevoir directement le soleil à onze heures. Nous indiquerons ici les expositions que, dans la pratique, nous avons reconnues comme les meilleures pour chaque espèce de serre; nous classons à ce sujet les serres dans l'ordre de leur importance, en commençant par les plus simples et finissant par celles qui exigent l'emploi combiné de la plus haute température et de la plus grande humidité atmosphérique; nous les reprendrons ensuite l'une après l'autre, et nous nous étendrons sur l'usage de chacune d'elles et sur les améliorations dont elles sont susceptibles.

1° *Bois* ou *châssis*. C'est la plus simple des serres; elle se réduit le plus souvent à un cadre de bois ou de maçonnerie légère, posé sur le sol ou enterré de manière que le sol intérieur soit plus bas que le sol extérieur, et recouvert d'un châssis vitré; l'exposition qui convient à ce genre de construction est celle du plein midi, ou modifiée selon les plantes qu'elle contient.

2° *Serre mobile*. Nous la mentionnons seulement pour mémoire, car ce n'est point une serre à proprement parler; c'est une simple garniture de châssis vitrés qu'on adapte passagèrement à un mur d'espalier pour hâter la maturité des fruits, ou la floraison des plantes grimpantes d'ornement. L'exposition des serres mobiles varie comme celle de l'espalier qui les reçoit; elle comprend tous les points du compas entre le sud-sud-est et le sud-sud-ouest, depuis le soleil de dix heures du matin jusqu'à celui de deux heures après midi, comme disent les jardiniers.

3° *Orangerie.* Ce n'est pas non plus une serre à proprement parler, puisqu'aucune plante ne saurait y vivre toute l'année, ou végéter sans s'étioler faute d'une lumière suffisante; son caractère propre est de n'admettre les végétaux que pendant le sommeil de leur végétation. L'orangerie demande l'exposition du plein midi.

4° *Serre froide* (Green-House et Conservatory des Anglais). Cette serre se construit toujours à deux versants : elle peut être construite à l'exposition de l'est, de l'ouest et même du nord ; celle du midi ne convient pas aux plantes qu'elle doit contenir.

5° *Serre tempérée.* Elle peut se construire à un ou deux versants, elle admet toutes les modifications possibles de forme et de dispositions intérieures; c'est la plus universellement en usage. L'exposition de la serre tempérée peut varier du sud-est au sud-ouest plein, et commencer par conséquent à recevoir le soleil depuis dix heures jusqu'à deux heures.

6° *Serre chaude sèche.* Elle se construit plutôt en appentis à un seul versant que sous toute autre forme; on lui donne ordinairement l'exposition du sud légèrement sud-est, qui lui permet de recevoir le soleil à onze heures : l'exposition du plein midi peut également lui convenir.

7° *Serre chaude humide.* On la construit de préférence le long d'un mur en terrasse, à l'exposition du plein midi.

8° *Serres pour diverses destinations spéciales :*

a. *Serre aux Orchidées.* Elle se construit dans les mêmes conditions que la serre chaude humide et à la même exposition.

b. *Serre aux Cactées et autres plantes grasses.* Elle exige plusieurs compartiments; elle veut l'exposition du plein midi.

c. *Serre pour les Pélargoniums.* Elle se construit dans les mêmes conditions que la serre tempérée, et à la même exposition.

d. *Serre aux Bruyères.* Elle se construit à deux versants, dans les mêmes conditions que la serre froide ; mais son inclinaison doit au plus être de 30 degrés, de manière à faire jouir ces végétaux du plus de lumière possible, et surtout de l'air le plus souvent que l'on pourra, quand bien même il n'y aurait que 3 à 4 degrés au-dessus de 0 au dehors.

e. *Serre pour les Camellias.* Elle se construit dans les mêmes conditions que la serre froide, mais l'exposition du plein nord et celle du plein midi ne lui conviennent pas; elle admet sans inconvénient toutes les autres expositions.

f. *Serre pour les plantes bulbeuses.* De même que les Pélargoniums, ces plantes aiment à vivre dans un milieu bien éclairé; la serre qui les contient n'a pour but que de les préserver de l'atteinte du froid; on la construit à l'exposition de l'est et de l'ouest, et elle doit être vitrée de tous côtés.

9° *Serre à multiplication.* Les conditions de la serre chaude humide conviennent à ce genre de construction; les végétaux en multiplication ne devant être éclairés que par un jour doux, l'inclinaison doit être assez basse pour qu'ils puissent en profiter avec avantage.

10° *Serre à forcer les Primeurs.* Les principes de la construction sont ceux de la serre tempérée, mais à un seul versant; elle demande l'exposition du midi. La *serre aux Ananas* surtout demande l'exposition la plus chaude et la mieux abritée; ces plantes peuvent supporter 40 degrés de chaleur, et végètent dans un air stagnant; la serre qui les contient doit donc être construite solidement, et close de manière à ne pas laisser pénétrer le moindre air froid durant l'hiver; plus la température dans laquelle croissent les Ananas est élevée, plus le succès est assuré, ayant soin toutefois de proportionner les arrosements à la chaleur.

§ II. — Construction : choix des matériaux.

Les moellons, la pierre meulière et la brique de bonne qualité peuvent être employés avec un égal succès à la construction des serres; chacun peut profiter à cet égard des facilités que présente sa localité. En général la maçonnerie, à l'exception des fondations, n'a réellement une importance majeure que pour l'orangerie; aussi l'orangerie peut-elle se prêter plus que les serres à servir d'ornement dans les grands jardins, et à recevoir diverses décorations d'architecture. Nous indiquerons, en traitant de chaque genre de serre en particulier, le genre de maçonnerie qui lui convient le mieux; disons dès à présent qu'à l'exception de la serre chaude humide et de la serre aux Orchidées, où l'humidité est toujours surabondante, la maçonnerie qui fait partie d'une serre, surtout celle du mur du fond des serres à un seul versant, doit être solide, épaisse, en bon mortier à chaux et ciment, revêtue à l'extérieur d'un bon crépissage, et à l'intérieur d'un enduit solide, hydrofuge, s'il se peut, qui n'exige pas de fréquentes réparations : car, de tous les fléaux qui peuvent s'introduire dans une serre quelconque, il n'en est pas de plus redoutable que les *maçons.*

La pierre meulière n'a malheureusement qu'un petit nombre de gisements assez peu étendus comparativement aux autres masses géologiques du sol de la France; partout où il est possible de s'en procurer, nous la recommandons comme préférable à toute autre pour la maçonnerie des serres: en raison surtout de sa porosité, qui lui permet de prendre parfaitement le mortier.

Charpente. — Les avis sont fort partagés à l'égard des avantages que présentent pour les serres les charpentes en bois comparées aux charpentes en fer. Au premier coup d'œil tous les avantages semblent être pour le fer, qui, par sa grande solidité, peut être employé sous un bien moindre volume que le bois, et qui par conséquent dérobe moins d'espace aux vitrages et intercepte beaucoup moins de lumière. Mais, en y regardant de plus près, on reconnaît que ces avantages sont balancés par de grands inconvénients. D'abord l'inégalité de dilatabilité entre le fer et le verre, selon les variations de la température, fait très-souvent éclater les carreaux de vitre, ce qui entraine de fréquentes réparations et nécessite la présence toujours désastreuse des ouvriers dans la serre ; puis le fer, en raison de sa force conductrice très-énergique à l'égard de la chaleur, s'échauffe et se refroidit plus rapidement que le bois. Enfin, et cet inconvénient n'est pas le moindre de tous ceux que présentent les charpentes en fer, ce métal, refroidi par l'air extérieur, condense la vapeur d'eau dont l'atmosphère de la serre est toujours plus ou moins chargée ; et, comme la situation des pièces de charpente en fer n'est que peu favorable à l'écoulement des gouttes d'eau provenant de la vapeur condensée quelquefois très-rapidement, ces gouttes tombent sur les feuilles des plantes, et leur font un tort souvent irréparable en raison de leur température toujours beaucoup plus froide que la température moyenne de l'air de la serre. Ce n'est pas que ces inconvénients, quoique très-réels, ne puissent être éludés par un habile architecte possédant l'expérience de ce genre de construction ; on construit beaucoup de serres à charpente en fer ; sous la direction d'un jardinier expérimenté et soigneux, les plantes peuvent y prospérer : nous avons dû seulement montrer les conséquences qui peuvent résulter de l'adoption du fer substitué au bois pour la charpente des serres.

Les divers genres de bois qu'on peut employer pour former la charpente d'une serre n'ont aucun des défauts que nous venons de signaler dans les charpentes en fer : mais ils en ont un grand nombre d'autres, dont le plus sérieux est leur peu de solidité et leur courte durée, à cause de leur continuel contact avec l'humidité chaude à laquelle aucun bois, à la longue, ne peut résister sans pourrir. Vient ensuite la faculté dangereuse de se gercer et de se fendre,

chaque petit espace qui reste vacant est bientôt occupé par des insectes qui y déposent leurs œufs et infestent la serre de leur interminable postérité. Le goudron et divers genres de peintures, par lesquelles la peinture verte à l'oxyde de cuivre est plus durable, peuvent à la vérité rendre moins sensibles les mauvais effets de cette propriété fâcheuse du bois, mais ce ne sont que des remèdes partiels et passagers ; on ne peut être dans la serre toujours le pinceau à la main : quand on a donné tous les ans une ou deux couches à l'époque où les plantes sont dehors, on a fait à peu près tout le possible. Très-souvent on ne peut repeindre que tous les deux ans ; dans l'intervalle, la peinture suit nécessairement le mouvement de retrait, du bois et elle ne l'empêche pas d'une manière absolue de se gercer. La peinture gris-perle, à l'oxyde de plomb, est celle de toutes qui fait le mieux ressortir le vert du feuillage des plantes, elle est par ce motif préférable pour l'intérieur ; la peinture verte est plus durable à l'extérieur.

On a proposé, comme un moyen infaillible de rendre le bois presqu'aussi durable que le fer, de le pénétrer d'une solution de deutochlorure de mercure (sublimé corrosif). Cette solution donne en effet au bois une grande durée, une grande solidité ; mais, quelque précaution qu'on puisse prendre, c'est toujours un moyen dangereux. Rien n'est plus subtil, plus pénétrant que les vapeurs mercurielles ; on ne peut, par aucun enduit, par aucun procédé, empêcher ces vapeurs d'empoisonner plus ou moins l'atmosphère des serres : la chose est sérieuse ; car il y va non-seulement de la vie des plantes qui vivent dans la serre, mais aussi de la santé et de l'existence même des jardiniers chargés d'en prendre soin. Il n'y a pas encore bien des années qu'une vaste serre, dont la charpente était imbibée de solution mercurielle, causa en Angleterre de grands dégâts. Lorsque le procédé de M. Boucherie sera devenu d'un usage vulgaire, les bois saturés d'une solution de nitrate de fer auront pour la charpente des serres tous les avantages des bois préparés au sublimé corrosif, sans en avoir les inconvénients.

Cependant nous avons vu la serre du duc de Devonshire, à Chatsworth, construite en bois de sapin imbibé de sublimé, et il ne paraît pas que, jusqu'à présent, il soit arrivé d'accidents. Ce procédé est encore peu connu en France, et nous ne pouvons en dire davantage sur son usage. Nous indiquerons, en traitant des notions relatives à chaque genre de serre en particulier, les moyens qui nous semblent propres à utiliser à la fois les avantages du bois et ceux du fer, en associant ces deux matériaux.

Le bois de chêne de bonne qualité l'emporte sur tous les autres par sa solidité et sa durée, c'est celui de tous qu'on peut employer sans inconvénient sous un moindre volume. Nous pensons que les autres bois préparés par le procédé Boucherie ne lui seraient point inférieurs ; toutefois, ces belles expériences ont encore besoin de recevoir la sanction du temps.

Verre. — Parmi les matériaux employés à la construction des serres, le verre est celui dont le choix exige l'attention la plus scrupuleuse. Le prix élevé du verre de bonne qualité ne doit point être considéré comme un obstacle. Deux classes de personnes seulement peuvent avoir des serres à construire : les propriétaires amateurs d'horticulture et les horticulteurs marchands. Quant aux premiers, rien n'est plus ridicule que d'avoir un mauvais hangar à peine couvert d'un châssis vermoulu garni de verre à bouteille, et d'y placer quelques pots de plantes étiolées, pour se donner le plaisir de dire : Ma serre. Cela ressemble à ces chasseurs qui, parce qu'ils ont deux ou trois mauvais chiens, disent : Ma meute. N'ayez point de serre, si vos moyens vous interdisent cette jouissance ; mais si vous en avez une, qu'elle soit ce qu'elle doit être : nous n'avons pas de conseils à donner pour mal faire. La question d'économie est donc, à notre avis, tout à fait subordonnée à celle de la santé des plantes, pour le propriétaire-amateur qui fait construire une serre. A plus forte raison en est-il de même pour le jardinier de profession ; toute économie qui peut compromettre la belle végétation de ses plantes, est pour lui une économie ruineuse.

En Angleterre et en Belgique, où les serres sont nombreuses, on fabrique des *feuilles* de verre très-blanc, destinées particulièrement au vitrage des châssis des serres ; ce vitrage est en général composé, dans ces deux pays, de carreaux plus grands que ceux qu'on emploie en France, et dont les dimensions ordinaires sont de 25 centim. sur 33. Le verre des panneaux des serres doit être aussi blanc que possible, non-seulement parce que le verre d'un ton verdâtre jette sur les fleurs, soit blanches, soit de nuances délicates, un reflet désagréable, mais aussi parce que le verre blanc est celui qui se prête le mieux à l'introduction libre de la pure lumière, élément indispensable de la santé des végétaux. Des expériences, trop récentes encore pour être concluantes, ont été commencées dans le but de s'assurer de l'influence des verres de diverses couleurs sur la végétation; il paraît que jusqu'à présent l'influence de la couleur bleue paraît être la plus favorable à la vie végétale.

Le verre doit être examiné soigneusement, feuille à feuille, pour s'assurer qu'il n'y existe aucune de ces soufflures contenant de l'air, connues des vitriers sous le nom d'*yeux* ou de *larmes*. La forme plus ou moins lenticulaire de ces soufflures produit l'effet d'une lentille d'opticien, en concentrant les rayons solaires, de manière à établir au point de réunion de ces rayons, qu'on nomme *foyer* de la lentille, une suite de points fortement échauffés, points dont la série correspond à la marche apparente du soleil sur l'horizon. Qu'une plante placée près ou loin du vitrage soit exposée à l'effet de ces soufflures, on remarquera très-distinctement sur son feuillage des lignes courbes complétement brûlées; ces brûlures peuvent être mortelles pour les plantes délicates.

Les carreaux du vitrage des serres se posent en recouvrement les uns sur les autres : la portion de chaque carreau recouverte par celui qui lui succède ne saurait être trop étroite; nous ne pensons pas qu'elle doive, dans aucun cas, dépasser 5 millimètres de largeur. Un recouvrement trop large a plusieurs graves inconvénients: l'humidité séjourne constamment, en hiver, entre les deux portions de carreau qui se recouvrent; s'il survient un froid très-vif, la température intérieure de la serre aura beau être élevée, elle n'empêchera pas cette humidité de geler; très-souvent ce peu de glace pris entre deux verres suffira pour les faire éclater; puis, il est impossible d'empêcher l'introduction de la poussière entre les deux carreaux, il est tout aussi impossible de l'en déloger; ce sont autant de bandes opaques qui dessinent toutes les lignes de jonction des carreaux, c'est autant d'espace dérobé à l'introduction de la lumière. Nous insistons sur ces détails parce qu'on aurait tort de les croire sans importance.

On évite d'une manière absolue l'introduction de l'eau entre les carreaux du vitrage des serres, au moyen du plombage très-usité en Angleterre; il n'y faut employer que des lames de plomb de l'épaisseur d'une feuille de papier à dessiner, elles ne doivent pas occuper plus de largeur que n'en aurait le recouvrement : la fig. 1 montre la meilleure manière d'employer les feuilles minces de plomb pour le vitrage des serres.

Quelquefois on préfère au plomb le mastic, par le moyen duquel on obtient le même résultat avec moins de dépense; l'emploi du mastic n'est pas nuisible à l'introduction de la lumière, lorsqu'il ne recouvre pas plus de quatre ou cinq millimètres de largeur.

Nous donnons ici trois recettes de mastic très-usitées en Angleterre pour le vitrage des serres.

1° Blanc de céruse et huile de lin crue, quantité suffisante pour former une pâte molle. Ce mastic est très-durable parce qu'il se forme à sa surface un enduit huileux qui le conserve; mais il est d'une lenteur désespérante à sécher, l'huile de lin crue étant très-peu siccative de sa nature.

2° Blanc de céruse et huile de lin crue, quantité suffisante pour former une pâte consistante. Ce mastic sèche plus vite que le précédent; s'il n'est pas appliqué avec beaucoup de soin, il est sujet à se crevasser.

3° Blanc de céruse et sable fin, de chaque parties égales. Huile de lin cuite, quantité suffisante pour former une pâte molle. Le seul défaut de ce mastic est sa grande ténacité ; il fait pour ainsi dire corps avec le verre, et il est très-difficile de l'en détacher lorsqu'il y a des carreaux à remettre au vitrage de la serre.

§ III. — Forme des serres.

Les diverses formes qu'on peut donner aux serres modifient celles des panneaux vitrés qui en font partie ; nous n'avons à examiner en premier lieu que les serres dans le dessin desquelles il ne peut entrer que des lignes droites, et celles qui admettent des lignes courbes. On nomme les premières *angulaires* et les secondes *curvilignes*.

Les formes angulaires sont les plus en usage pour la construction des serres ; la préférence qu'on leur accorde est fondée sur plusieurs avantages qui nous semblent très-réels. En première ligne se présente la facilité du service extérieur, facilité bien plus grande sur les serres angulaires que sur les curvilignes. Le service extérieur d'une serre consiste dans les travaux inévitables de réparations et d'entretien, tels que remplacement des carreaux cassés et renouvellement de la peinture des châssis, et dans la manœuvre journalière des toiles et des paillassons, manœuvre que nous décrirons plus loin. Pour tous ces travaux, il faut de toute nécessité appliquer fréquemment des échelles : sur les serres angulaires, qui n'offrent que des surfaces plates, les échelles s'appliquent aisément partout ; il n'en est pas de même sur les serres curvilignes, dont les surfaces bombées ne pourraient admettre que des échelles brisées, toujours difficiles à manœuvrer, et sujettes à se détraquer, parce qu'elles sont formées de plusieurs fractions d'échelle réunies. Il en résulte que, dans la pratique, l'extérieur des serres curvilignes est presque inabordable ; nous avons vu plus d'une fois des ouvriers, d'ailleurs adroits et attentifs, casser quatre carreaux en allant en remettre un, ce qui n'est jamais arrivé, à notre connaissance, pour aucune serre de forme angulaire.

Quant à la manœuvre des toiles et des paillassons, elle est de beaucoup plus simple et plus aisée sur les châssis plats des serres angulaires que sur les châssis bombés des serres curvilignes. Dans le premier cas, un seul ouvrier peut étendre et replier les toiles à volonté ; dans le second, il faut le travail de deux ouvriers. En outre sur les surfaces bombées, les toiles ne peuvent être tendues comme sur les surfaces plates ; pour qu'elles se tiennent à une distance convenable des vitrages, il faut établir à égale distance du haut et du bas de la serre une traverse en fer : de quelque manière qu'on s'y prenne, cette traverse coupe les toiles et les met promptement hors de service.

Nous avons entendu alléguer en faveur des serres curvilignes la concentration de chaleur solaire qui doit résulter de leur forme. Cette concentration ne nous paraît pas un avantage bien important, puisque, tant que dure la belle saison, nous sommes dans la nécessité d'ombrager les serres. Resterait l'utilité d'un peu plus de chaleur solaire en hiver, mais dans cette saison le soleil n'est pas assez élevé, ses rayons arrivent trop obliquement sur les vitrages, pour qu'il y ait une différence bien sensible dans la chaleur qu'ils produisent à l'intérieur de la serre angulaire ou curviligne. L'observation de la marche du thermomètre nous a mis à même de remarquer très-souvent qu'au moment où le soleil commence à frapper sur les vitrages, le thermomètre monte en effet plus vite d'un certain nombre de degrés dans la serre curviligne que dans la serre angulaire; mais lorsque le soleil est près de se coucher, l'effet contraire a lieu d'une manière très-sensible : c'est-à-dire que le refroidissement est plus rapide dans la serre curviligne que dans la serre angulaire.

L'abaissement plus prompt du thermomètre au soleil couchant dans les serres curvilignes est-il réellement l'effet de la forme curviligne, ou doit-il être seulement attribué à ce que l'on construit en bois les serres angulaires et en fer les serres curvilignes ? La propriété conductrice de la chaleur, propriété très-prononcée dans le fer et presque nulle dans le bois, doit être pour quelque chose dans cet effet, que nous avons constaté par des observations souvent renouvelées.

La forme des serres, angulaires, curvilignes, peut varier à l'infini, soit en raison de leur destination, soit en raison de l'espace dont on dispose et des dimensions du jardin dans lequel elles doivent s'encadrer. Nous donnerons en traitant de chaque espèce de serre des modèles de formes variées les mieux appropriées à la culture des plantes qui doivent y vivre, ainsi qu'à l'effet ornemental dont est susceptible ce genre de construction.

§ IV. — Inclinaison.

L'un des points les plus importants et les plus délicats de la construction de toute espèce de serre angulaire, c'est d'en déterminer avec précision l'inclinaison; c'est-à-dire l'angle formé par la pente des vitrages avec la ligne horizontale. La géométrie, au moyen d'un instrument nommé quart de cercle, donne des règles fixes et sûres pour obtenir ce résultat : mais ces règles ne peuvent être appliquées que quand la construction de la serre est confiée à un architecte de profession, ce qui n'a pas lieu le plus souvent; le propriétaire ou le jardinier, l'un et l'autre peu familiers avec la géométrie et hors d'état de se servir d'un quart de cercle, sont la plupart du temps leurs propres architectes, et font construire leurs serres sans recourir à un homme de l'art. C'est en leur faveur que nous essaierons de démontrer comment toute espèce d'inclinaison peut être obtenue sans le secours de la science et des instruments de géométrie. Pour bien comprendre l'importance de cette partie de la construction des serres, il suffit de se rappeler que, plus les vitrages présentent *perpendiculairement* leur surface aux rayons du soleil à midi, plus la chaleur se concentre sous le châssis, soit qu'il fasse partie d'une serre, soit qu'il appartienne à une simple bâche. Par la même raison, plus les rayons du soleil frappent *obliquement* à midi les vitrages, moins ils produisent de chaleur à l'intérieur de la serre. Prenons d'abord la plus simple des démonstrations. Tout cercle se partage arbitrairement en 360 divisions nommées degrés; ce sont ces degrés qui servent à mesurer l'inclinaison. Nous avons un premier fait connu pour point de départ : toutes les fois qu'une serre quelconque a son mur du fond égal en hauteur à la largeur totale de l'espace qu'elle occupe sur le sol, son inclinaison est de 45 degrés;

il est inutile de donner ici la démonstration mathématique de ce fait, puisqu'il est hors de contestation. Ainsi, dans la serre représentée fig. 2, la largeur de la base est de 3 mètres à la naissance du vitrage, selon la ligne A B; la hauteur du mur du fond, à partir de ce même niveau correspondant à la naissance du vitrage, est également de 3 mètres de B en C : par cela seul que ces deux longueurs, l'une horizontale, l'autre perpendiculaire, sont égales, il est matériellement nécessaire que l'inclinaison du vitrage D soit de 45 degrés, et il en sera de même toutes les fois que cette égalité se rencontrera, quelles que puissent être d'ailleurs les dimensions de la serre.

Mais, si l'égalité de ces deux longueurs donne 45 degrés d'inclinaison, il est évident que toute diminution dans la hauteur du mur du fond donnera *moins de* 45 degrés d'inclinaison, et que toute augmentation de hauteur donnera *plus de* 45 degrés d'inclinaison. Il est encore évident que, si la hauteur du mur du fond de la serre représentée fig. 2 était divisée en 45 parties, chacune de ces parties représenterait un degré d'inclinaison, et qu'en marquant ces 45 divisions sur le mur on aurait 45 inclinaisons différentes, depuis 1 degré jusqu'à 45; c'est une règle toute faite pour trouver toutes les inclinaisons possibles.

En effet, on peut toujours supposer que la serre ou la bâche dont on veut déterminer l'inclinaison doit en avoir une de 45 degrés; ce qui arriverait si l'on donnait au mur du fond une hauteur égale à la largeur de la construction totale. En divisant cette largeur par 45, le résultat de cette division correspondra à un degré d'inclinaison. Dans la pratique, on ne procède que par des différences moindres de 5 degrés; de sorte qu'au lieu de diviser par 45 on peut ne diviser que par 9, ce qui rend le calcul beaucoup plus simple. Voyons les applications de cette règle.

On veut construire une bâche de 1^m,35 de large, de telle sorte que son vitrage mis en place présente une inclinaison de 10 degrés. Pour une inclinaison de 45 degrés, il faudrait, comme on l'a vu, donner au mur du fond une hauteur égale à la largeur totale de la bâche, c'est-à-dire une hauteur de 1^m,35 au-dessus du niveau du mur de devant.

1^m,35 divisé par 9 donne 15; d'où il résulte que chaque hauteur de 15 cent., ajoutée au mur du fond de la bâche prise pour exemple, équivaut à 5 degrés d'inclinaison : l'inclinaison cherchée étant de 10 degrés, le mur du fond A, fig. 3, aura au-dessus du sol 30 cent. de hauteur de plus que le mur antérieur B; et le châssis C, posé sur ces deux murs, aura 10 degrés d'inclinaison. On voit que dans ces deux constructions il a fallu commencer par élever, avant aucun calcul, la maçonnerie hors de terre au niveau du mur de devant des quatre côtés, de manière à former un encaissement tel que le représente la fig. 4. Cela fait, on calcule, comme nous l'avons fait, ce qu'il faut ajouter au mur du fond pour avoir l'inclinaison voulue, et l'on conduit la maçonnerie des côtés selon cette inclinaison.

Dans la figure 5 la largeur totale supposée de la bâche est de 1^m,65, et l'on veut lui donner 20 degrés d'inclinaison. 1^m,65 divisé par 9 donne pour quotient 18 centim. 33 millim.; cette longueur représente 5 degrés d'inclinaison, comme dans l'exemple précédent : pour 20 degrés on la multiplie par 4, ce qui donne 73 centim. 32 millim. pour la hauteur de la maçonnerie à ajouter au côté postérieur de l'encaissement de la bâche commencée ; l'inclinaison se trouve alors être nécessairement de 20 degrés.

Dans la fig. 6, nous avons voulu montrer comment, par le même principe, on peut donner aux vitrages d'une serre une inclinaison plus grande que 45 degrés. On suppose à la serre une largeur totale de 5 mètres, et l'on cherche qu'elle sera la hauteur du mur du fond pour donner aux vitrages une inclinaison de 55 degrés ; 5 mètres divisés par 9 donnent pour quotient 55 centim. 55 millim., longueur qui correspond à 4 degrés d'inclinaison. Nous savons qu'en donnant au mur du fond 5 mètres de hauteur de plus qu'au mur antérieur l'inclinaison du vitrage serait de 45 degrés, et qu'il nous en faut 55 ; il en manquera 10 lorsque nous aurons élevé la maçonnerie du fond à 5 mètres au-dessus de celle de devant : en multipliant 55 centim. 55 millim. par 2, on trouve 1ᵐ,12 à ajouter à cette maçonnerie pour donner au vitrage l'inclinaison de 55 degrés.

Cette inclinaison est un maximum qu'on ne dépasse pas dans la construction des serres ; il faudrait en effet donner au mur du fond une hauteur trop disproportionnée avec les dimensions de la serre. Aussi, le plus souvent, quand la serre dépasse la largeur de 5 mètres, on lui donne deux versants dont le point de partage se calcule d'après la même règle ; ou bien, après avoir donné aux vitrages l'inclinaison de 45 degrés, comme le représente la fig. 7, on rejoint le sommet de ce vitrage au mur du fond par une portion de toit vitré moins inclinée, ce qui dispense de donner à ce mur une élévation exagérée.

Comme tous les exemples précédents se rapportent à des bâches ou à des serres à un seul versant, nous croyons utile, pour ne rien laisser d'obscur à notre démonstration, de donner les détails de calcul relatifs à une serre à 2 ou à 4 versants.

Nous supposons une serre dite hollandaise, fig. 8 qui doit avoir une largeur totale de 5ᵐ,40. On cherche la hauteur du point de partage, pour donner à chacune des deux pentes vitrées une inclinaison de 35 degrés. On considère d'abord chaque versant comme une serre séparée, comme si la ligne A B, fig. 8, était un mur de séparation réelle. Ce mur donnerait une inclinaison de 45 degrés s'il était égal en hauteur à la largeur de chacun des deux compartiments séparés par la ligne A B. Cette largeur étant de 2ᵐ,70, on aura, en la divisant par 9, 30 centim. ; longueur équivalente à 5 degrés d'inclinaison : 30 multiplié par 2 égale 60 centim. à retrancher de 2ᵐ,70, pour obtenir l'inclinaison cherchée. Ainsi, pour que cette inclinaison soit de 35 degrés, il faut que le point de partage se trouve être de 2ᵐ,10 plus élevé que le niveau des murs antérieur et postérieur, sur lequel repose la partie inférieure de chacun des deux versants.

Le même calcul ferait trouver avec une égale facilité l'inclinaison de 30 degrés des vitrages d'une serre à 4 versants, telle que celle que représente la fig. 9 ; cette serre double, dont le milieu est soutenu par un rang de piliers en fonte ou en bois au lieu de maçonnerie, sert à couvrir un très-grand espace à peu de frais, dans le but d'y établir en pleine terre des plantes et des arbustes distribués de manière à composer un jardin d'hiver.

§ **V.** — **Châssis vitrés; toiles; paillassons.**

Les châssis vitrés peuvent varier ainsi que leurs dispositions, selon la grandeur des serres et leur mode de construction. Dans la plupart des serres angulaires, les châssis
en bois ont 1ᵐ,33 de large sur une longueur indéterminée;
les barres en bois qui soutiennent en long les vitrages ont
40 millim. de large et 42 millim. d'épaisseur. Si ces panneaux, représentés fig. 10, avaient trop de longueur, les
barres longitudinales auraient trop peu de soutien; elles
seraient sujettes à se déjeter, ce qui ne pourrait manquer
de casser beaucoup de carreaux : d'un autre côté, si l'on
voulait donner à ces barres une force proportionnée à leur
longueur, elles occuperaient trop d'espace et intercepte-
raient trop de lumière. Tels sont les motifs pour lesquels,
dès que la hauteur de la devanture d'une serre dépasse
2 mètres, on établit à moitié de cette hauteur une traverse
qui règne d'un bout à l'autre, et qui permet de ne donner
aux panneaux qu'une longueur qui ne dépasse pas 2 mètres pour chacun d'eux. La fig. 11 *bis* fait voir un montant
avec ses supports. Dans la fig. 11 *ter*, ce support est placé
dans la maçonnerie du mur ainsi que le montant. La fig. 12
est un support plus compliqué et qui ferme tout accès à
l'air. *a* est la coupe d'une des barres longitudinales, de
40 millim. sur 42. Au-dessus on voit la coupe de toutes
ces pièces (fig. 12 *bis*), montrant comment chaque châssis
est ajusté à côté de son voisin et la position des supports.
Ils peuvent à volonté se soulever pour laisser pénétrer librement l'air au besoin. Une poignée en fer, A fig. 10,
facilite cette manœuvre. Dans les serres angulaires, en fer,
les châssis peuvent avoir de bien plus grandes dimensions;
ceux qui sont placés dans une situation verticale tournent
sur eux-mêmes au moyen de deux pivots, ce qui permet
d'ouvrir la serre à volonté. Les dimensions des carreaux
de vitre varient, comme celles des panneaux; l'inspection
de la figure 10 montre comment la partie inférieure de
chacun des carreaux doit être arrondie en écaille de poisson. Cette forme n'a pas, comme la forme angulaire, l'inconvénient d'accrocher les paillassons, lorsqu'il est nécessaire de les poser sur les châssis vitrés.

Les plantes de serre, même celles qui appartiennent aux
climats les plus chauds du globe, ont souvent besoin d'être
ombragées pendant les grandes chaleurs. Le meilleur de
tous les moyens qu'on puisse employer à cet effet consiste
à établir sur des tringles de fer fixées à la partie supérieure
et au bas de la devanture de la serre, de longues bandes de
grosse toile qui se replient sur elles-mêmes latéralement au
moyen de deux lignes d'anneaux. Il est nécessaire d'entrer
à ce sujet dans quelques détails.

La toile la plus convenable pour cet usage est une sorte
de canevas dont la fig. 12 *ter*, calquée sur un morceau de
cette étoffe, montre exactement la grosseur et la qualité.
Cette toile a un mètre de large et coûte à Paris, au moment
où nous écrivons (1846), 85 à 90 cent. le mètre carré*.
La largeur à donner à chaque toile est arbitraire; elle doit
nécessairement être subordonnée à l'étendue de la surface
qu'il faut ombrager : pour les serres du Jardin du Roi,
nous avons adopté la largeur de huit mètres; il faut donc
coudre l'un à l'autre huit lés. Les deux extrémités de ces

---

* Cette toile se vend au magasin des Deux-Pierrots, rue du Petit-
Pont, nᵒ 10, au coin de la rue de la Huchette.

toiles, ainsi que les tringles, ont à supporter pendant les grands vents un tel tirage, qu'on ne saurait leur donner trop de solidité; le poids des toiles, déjà très-considérable par lui-même, est encore augmenté lorsqu'elles sont imbibées de pluie. Pour se faire une idée de l'effort de traction exercé sur ces toiles, il suffira d'observer l'effet de cette traction sur les tringles de fer qui supportent les anneaux fixés aux bords supérieurs et inférieurs des toiles. Le diamètre de ces tringles peut varier en proportion de la longueur des serres, depuis cinq millimètres jusqu'à un centimètre; aux deux bouts de ces tringles, on ménage un pas de vis destiné à recevoir un écrou : ce pas de vis, pour les serres du Jardin du Roi, n'a pas moins de 22 à 27 cent., eh bien! quand toutes les toiles sont placées, il arrive souvent que les tringles, entraînées sous le poids des toiles, laissent à peine sur la longueur du pas de vis la place pour poser un écrou destiné à les maintenir.

Chacune des deux extrémités des pièces de toile est renforcée par une corde de moyenne grosseur, semblable à celle qui sert à faire manœuvrer les jalousies; cette corde est enfermée dans la toile repliée sur elle-même en forme d'ourlet. Une seconde corde est cousue à cet ourlet, de demi-lé en demi-lé, qui sert à maintenir la toile dans sa longueur; c'est sur elle que sont fixés des anneaux de fer étamé de 3 à 4 cent. de diamètre. Il est nécessaire d'employer pour coudre ces anneaux de la ficelle fine mais très-forte, car c'est sur eux que porte toute la violence des coups de vent qui soulèvent les toiles; violence qu'on ne saurait se figurer : il faut donc que les anneaux soient cousus avec une solidité à toute épreuve.

On les espace ordinairement à 25 cent. les uns des autres

Bien des moyens divers ont été essayés pour la manœuvre des toiles servant à ombrer les serres; après différents essais nous n'avons trouvé dans la pratique rien de meilleur que de disposer les deux extrémités des toiles de la même manière, et de leur donner en haut comme en bas des tringles et des anneaux. Lorsqu'on veut les déplacer on fait glisser les anneaux sur les tringles, et la toile ne forme plus qu'un long bourrelet dont l'ombre n'a que peu d'étendue à l'intérieur de la serre; on fait glisser les anneaux en sens inverse pour étendre les toiles : il ne faut qu'un ouvrier, placé sur le dessus de la serre, pour cette manœuvre, qui s'exécute ainsi, au moment du besoin, avec beaucoup de promptitude. Les fig. 13 et 15 montrent toute cette disposition. Trois tringles de fer ou rampes continues, AAA, servent à maintenir les toiles à une distance suffisante des vitrages pour qu'en cas de grêle elles puissent empêcher les carreaux d'en être atteints. Ce système de toiles ne peut s'adapter qu'à une serre assez solidement construite pour que la partie supérieure puisse supporter le poids d'un ouvrier. A la rigueur, une longue perche munie d'un crochet semblable à l'instrument dont on se sert pour l'étalage des boutiques à Paris, fig. 14, pourrait servir à étendre et replier les toiles, sans monter sur la serre; mais il y aurait souvent des carreaux cassés, accident dont les chances ne sauraient être éloignées avec trop de soin.

Le grand avantage des toiles sur toute autre manière d'ombrer les serres consiste dans leur demi-transparence, qui ne prive pas tout à fait les plantes de lumière, tout en les garantissant des rayons d'un soleil trop vif; le même effet peut à la vérité être obtenu à bien moins de frais en barbouillant les vitrages avec un peu de blanc d'Espagne délayé dans l'eau-de-vie, l'essence de térébenthine ou de lait. Mais, d'une part, cet enduit ne peut rien contre la grêle, de l'autre il est aussi long à enlever qu'à étendre au moment du besoin; cela n'empêche pas qu'on y ait quelquefois recours, mais il ne saurait remplacer les toiles. Quant aux paillassons, on doit plutôt les considérer comme un préservatif contre le froid que comme un moyen d'ombrer les serres; ils donnent une obscurité trop profonde.

On pense bien que les tringles, quelle que soit leur solidité, fléchiraient et seraient bientôt hors de service, si elles n'étaient soutenues. Chaque longueur de 8 mètres reçoit deux supports, dont l'un se trouve placé au milieu; c'est sur lui que sont ramenées les toiles lorsqu'il n'est pas nécessaire de les étendre. On ne saurait donner trop de force aux supports des extrémités sur lesquels porte le plus grand effort du tirage; la meilleure forme à leur donner est celle que les charpentiers nomment *jambe de force*.

L'appareil de toiles tel que nous venons de le décrire, est adapté à une serre angulaire; si cette serre est à deux versants, c'est la même disposition répétée de chaque côté. La forme angulaire des serres comparée à la forme curviligne offre un avantage incontestable pour la facilité de la manœuvre des toiles, surtout quand celles-ci sont mouillées. Les toiles sur la serre curviligne, non plus que sur la serre angulaire, ne peuvent se passer d'un support au milieu qui règne sur toute leur longueur, à égale distance des deux extrémités. Dans la serre angulaire, les toiles posent à peine sur ce support qui sert seulement à les tenir à une distance convenable des vitrages; dans la serre curviligne, les toiles pèsent constamment sur le support du milieu, et, quelque soin qu'on prenne de les garnir et de les renforcer en cet endroit, elles ne manquent pas de s'y couper. On pourrait, en haussant davantage les supports des toiles à la partie supérieure des serres curvilignes, y mettre les toiles à peu près dans les mêmes conditions que sur les serres angulaires; dans ce cas la toile, ne pouvant s'affaisser sur le support du milieu, ne le couperait pas. Mais, pour un inconvénient évité, on en ferait naître plusieurs autres; les toiles trop élevées à la partie supérieure de la serre donnent trop de prise aux grands vents, trop d'accès aux grêlons et, par-dessus tout, trop d'ombrage aux plantes. En effet, si les rayons solaires sont interceptés à une trop grande distance en avant des vitrages, les plantes auront beaucoup trop d'ombre; elles seront privées de cette lumière diffuse qui leur est aussi salutaire que les rayons d'un soleil trop ardent peuvent quelquefois leur être nuisibles. Quant aux vents, si l'espace qu'on est forcé de laisser libre par-dessous les toiles à la partie supérieure des serres angulaires leur donne déjà tant de prise, ce serait bien pis encore s'il s'agissait de doubler cet espace sur les serres curvilignes, dans le but d'empêcher les toiles de se couper sur le support du milieu. Ajoutons que, par ces grandes ouvertures, le rebondissement de la grêle ne pourrait manquer de casser souvent des carreaux. La figure 15 montre la manière d'adapter les toiles aux serres de forme curviligne.

Nous avons dit qu'il devait y avoir à la partie supérieure des serres un sentier pour la manœuvre des toiles; une balustrade en fer, légère mais solide, doit régner le long de ce sentier, elle sert de couronnement à tout l'édifice. Elle est aussi d'une grande utilité pour les paillassons qu'on peut y étendre pendant l'hiver, pour les maintenir en bon état et prolonger leur durée. La longueur des paillassons doit être celle de la longueur totale des châssis sur un mètre environ de largeur, afin qu'ils ne deviennent pas trop pesants et, par conséquent, trop difficiles à manœuvrer lorsqu'ils sont mouillés ou chargés de neige. Une petite tringle adaptée à la balustrade de la partie supérieure de la serre, fig. 16, supporte un des bouts de chaque paillasson, deux cordes sont fixées bout à bout en A à l'autre extrémité du même paillasson; l'une de ces deux cordes reste attachée à la partie supérieure de la balustrade, l'autre au bas de la serre; le paillasson déployé laisse flotter sur la partie antérieure de la serre la corde qui, à son tour, se trouvera tendue lorsque le paillasson sera relevé, laquelle servira à le déployer de nouveau quand besoin sera. Un ouvrier placé sur le passage qui domine la serre, derrière la balustrade, peut ainsi, au moyen de cette corde, attirer à lui le paillasson, le plier et le déposer sur la balustrade, de telle sorte que, sans remonter sur la serre, on puisse, d'en bas, tirer à soi le paillasson, et le remettre à volonté dans la première position, c'est-à-dire l'étendre sans difficulté sur toute la longueur du vitrage.

§ VI. — **D**istributions intérieures ; **chaleur artificielle ; ventilation**.

Donnons maintenant une idée des distributions intérieures des serres, en ce que ces distributions ont d'applicable à toutes les serres en général; nous réserverons les détails spéciaux pour les chapitres consacrés à chaque genre de serre en particulier.

On peut regarder comme un accessoire indispensable de toutes les serres, quelle qu'en soit la destination, un tambour ou vestibule vitré comme le reste de la serre, et qui lui sert d'antichambre, comme cela existe fig. 55, A du plan. Là sera toujours placée l'ouverture du foyer, quel que soit le procédé de chauffage adopté pour la serre : on évitera par là l'introduction dans la serre de la cendre et de la fumée si nuisibles aux végétaux; on évitera plus sûrement encore l'introduction de l'air extérieur, et les brusques changements de température. Un autre avantage non moins important ne doit point être oublié. Il y a bien souvent une différence énorme entre la température du dehors et celle de l'intérieur de la serre; la serre aux ananas, par exemple, et la serre aux orchidées peuvent avoir une température de 35 à 40 degrés plus élevée que la température extérieure. Il n'y a pas de tempérament, si robuste qu'on le suppose, qui soit à l'épreuve de ces transitions soudaines, fréquemment renouvelées. Les jardiniers sont complétement préservés de leurs fâcheux effets au moyen du tambour dont nous recommandons la construction à l'entrée de chaque serre; ils peuvent y déposer des vêtements chauds qu'ils reprennent en sortant et qui leur permettent de s'exposer impunément à l'air extérieur.

Beaucoup de grands végétaux se plaisent en pleine terre dans les *plates-bandes* du conservatoire ou de la serre chaude ou tempérée; beaucoup d'autres, de moyenne taille, se placent dans des caisses de grandeur convenable, dont les pieds reposent sur le sol de la serre : tout le reste est cultivé dans des pots. Ces pots doivent être, les uns, enterrés dans la tannée ou couche qui remplit les bâches de la serre, s'il n'y a pas un chauffage d'eau chaude en circulation dans des tuyaux placés à l'intérieur de la bâche; les autres, posés simplement sur des tablettes ou des gradins.

Pour les végétaux en pleine terre dans la serre, on défonce le sol à la profondeur qu'exigent les racines des plantes qu'on doit y cultiver; et on lui substitue un sol factice approprié à leur nature, tel que la terre de bruyère naturelle, les divers composts qui la remplacent, la terre à orangers, la terre aux ananas, et plusieurs autres mélanges que nous indiquerons chacun aux chapitres traitant des différentes cultures des plantes de serre. On doit avoir soin de remplir la plate-bande de ces terres rapportées, un peu au-dessus du niveau des passages qui l'entourent, afin de n'être pas forcé de la recharger pour compenser l'effet du tassement; dans tous les cas, on attend que cet effet se soit produit avant de mettre les plantes en place.

Les dimensions des plates-bandes et celles des sentiers varient comme celles de la serre, et aussi en raison des genres de plantes qu'on désire y cultiver. Les *sentiers* ne doivent être ni dallés ni planchéiés, pour que les plantes puissent profiter librement des émanations du sol, qui leur sont fort utiles dans toute espèce de serre. Si quelque circonstance nécessite de recouvrir le sol, on peut établir un plancher à claire-voie, soit en fer, soit en bois. Il ne faut pas que la largeur des plates-bandes dépasse 2 mètres, tant pour la facilité du service que pour permettre à la vue de distinguer aisément les détails délicats de la floraison souvent peu développée de certains végétaux qui, placés au milieu d'une plate-bande trop large, seraient vus à une trop grande distance. Il est toujours utile de ménager le long du mur du fond de la serre une petite plate-bande dans laquelle on met en pleine terre des plantes sarmenteuses, grimpantes ou volubiles, qui masquent la nudité de ce mur; cette observation ne s'applique qu'aux serres à un seul versant.

Lorsque la serre ne doit pas contenir de très-grands végétaux en pleine terre, la plate-bande peut être remplacée par une *bâche*. Ce terme, dans le langage des jardiniers, a deux acceptions différentes : il désigne quelquefois une sorte de petite serre maçonnée, enfoncée dans le sol, qu'on pourrait nommer la serre réduite à sa plus simple expression ; le même terme désigne également une sorte d'encaissement placé à l'intérieur de la serre, et destiné à recevoir la tannée ou la couche où doivent être plongés les pots contenant des plantes auxquelles cette chaleur artificielle est jugée nécessaire. Les bâches, prises dans ce dernier sens, ont ordinairement une profondeur de 1 mètre à 1^m,25; elles ne doivent pas dépasser la largeur de 2 mètres. Ces dimensions sont les plus favorables à la production de la chaleur artificielle de la couche ou de la tannée, chaleur qui, comme on sait, est toujours en raison de la masse du tan ou du fumier en fermentation dont la bâche est remplie. Néanmoins la bâche, au lieu de matières fermentescibles, peut ne contenir qu'une bonne terre franche de jardin, ou de la terre de bruyère naturelle, ou enfin différents composts, où les plantes seront mises en pleine terre.

Les *matières fermentescibles* ne sont utiles dans la bâche que pour la production de la chaleur artificielle; quand cette chaleur est produite par le thermosiphon ou appareil circulatoire à eau chaude, dont les tuyaux sont placés dans l'intérieur de la bâche, celle-ci n'a plus besoin d'être remplie de substances en fermentation, même quand elle ne doit recevoir que des plantes en pots. Les dalles de 10 à 15 cent. d'épaisseur, formant au milieu de la serre un encaissement à hauteur d'appui, sont la meilleure manière de construire les bâches; elles réunissent toutes les conditions désirables de propreté, de durée et de solidité, en occupant le moins d'espace possible.

Bien des substances diverses ont été essayées comme moyen de procurer dans les bâches une élévation suffisante de température par la fermentation. Les plus usitées sont: le tan formé d'écorces broyées qui ont servi à la préparation des cuirs; le fumier, ou pour mieux dire la litière mêlée de fumier, provenant des écuries et des bergeries; les marcs de fruits ayant servi à faire du cidre; les sciures de différents bois; les feuilles de toute espèce d'arbre; le son d'avoine provenant de la fabrication du gruau; enfin jusqu'aux poils laineux que les machines connues sous le nom de *tondeuses* enlèvent aux draps pour leur donner le dernier apprêt avant qu'ils soient livrés au commerce.

Mais les plus habiles praticiens ont fini par abandonner complétement l'usage de toutes ces matières en fermentation pour s'en tenir au thermosiphon, qui leur est préférable à tous égards. Qu'est-ce en effet que la fermentation? Une décomposition plus ou moins longue, qui donne lieu à la formation incessante de miasmes propres à corrompre l'air de la serre au détriment de la santé des plantes et, ce qui est plus grave, de celle des jardiniers chargés du service de la serre. En outre, les matières en fermentation qui remplissent la bâche ne peuvent se décomposer sans diminuer de volume en s'affaissant sur elles-mêmes; cet affaissement dérange les pots enterrés dans la bâche, ce qui oblige à les déplacer très-souvent: car, dès que leur surface cesse d'être horizontale, l'eau des arrosages glisse dessus sans y pénétrer. Enfin, les substances fermentescibles s'épuisent au bout d'un temps plus ou moins long et ne donnent jamais, de quelque façon qu'on s'y prenne, une chaleur aussi uniforme, aussi bien réglée que celle qu'on peut obtenir d'un thermosiphon bien gouverné. N'oublions pas que les insectes de toute espèce, ennemis redoutables des plantes de serre, pullulent dans la tannée, dans la litière, dans toute sorte de matières végétales et animales en décomposition; le thermosiphon au contraire ne favorise en rien la multiplication des insectes.

Beaucoup de praticiens fort expérimentés ne remplissent les bâches qu'avec des scories de forge, du gravier, ou des pierres concassées, recouvertes d'une couche de sable fin où les pots sont enterrés. Ils ont pour but d'éviter par là les insectes et principalement les vers de terre ou lombrics dont la présence est presque inévitable dans toute espèce de terre ou de composts. Les lombrics, une fois qu'ils commencent à se multiplier, pénètrent dans les pots et font beaucoup de tort aux plantes. Ce n'est pas qu'ils les attaquent à proprement parler, ces animaux sont même totalement dépourvus d'organes propres à ronger les racines ou les parties extérieures des végétaux; mais ils absorbent et décomposent les parties nutritives de la terre; ils labourent et bouleversent en la traversant la terre des pots de petites dimensions ; ils dérangent les racines souvent fort peu solides des végétaux délicats ; ils empêchent les boutures de s'enraciner, les semis de lever, le jeune plant repiqué de reprendre : ils font donc, sous tous ces rapports, un tort considérable aux plantes de serre, surtout aux plantes peu vigoureuses qui se cultivent dans des pots de petites dimensions. L'exclusion des matières dans lesquelles ils pourraient vivre et multiplier est un moyen assuré de s'en préserver.

Toutefois, le moment n'est peut-être pas très-éloigné où les bâches ne seront plus maintenues dans les serres que pour y recevoir, en pleine terre, les végétaux de grandeur proportionnée à la hauteur du vitrage ; on en viendra prochainement à ne plus enterrer les pots, ni dans des couches, ni dans du sable ; on se contentera de les placer à l'air libre de la serre sur des gradins. Ne perdons pas de vue cette vérité fondamentale dont nous avons fait notre point de départ, et à laquelle il faut toujours revenir : les plantes exotiques doivent se trouver dans la serre, autant que possible dans les mêmes conditions que sous leur climat natal ; or aucune partie d'une plante ne reçoit *naturellement* la chaleur autrement que par l'intermédiaire de l'air qui l'enveloppe. C'est en traversant l'atmosphère que, dans les contrées tropicales, les rayons solaires communiquent à la terre une température élevée ; jamais la chaleur ne lui vient du dedans au dehors. Il est donc bien plus conforme à la marche de la nature de laisser les pots à l'air libre, afin que la terre qu'ils contiennent reçoive, de l'air environnant suffisamment échauffé, une température convenable, que de lui procurer cette température en enterrant les pots dans un milieu artificiellement échauffé, car, alors, le surcroît de chaleur que les racines sont sujettes à éprouver en pareil cas, fait étioler les plantes, elles poussent mal, et les racines, malgré tous les moyens que l'on emploie, passent à travers les trous des pots, et s'allongent tellement dans la tannée que l'on ne peut plus replacer ces racines en rempotant les plantes.

Un seul exemple prouvera mieux que les raisonnements que les racines des végétaux ne doivent pas être soumises à une chaleur plus élevée que leurs parties aériennes : un pied de vigne ou un pêcher plantés à l'extérieur d'une serre et dont la tige est dirigée à l'intérieur, afin de faire porter fruit à la plante avant l'époque, n'en végète pas moins bien et produit des fruits aussi beaux que ceux qui se seraient développés à l'air libre, bien que cependant les parties de la plante destinées à puiser les sucs de la terre soient comparativement dans un milieu plus froid que les rameaux et les autres organes recevant l'influence d'une température plus chaude.

Avec ce système, qui tend à prévaloir pour toutes les plantes de serre cultivées en pots, les serres consacrées aux plantes en pots ne contiendraient plus que des tablettes et des gradins sur lesquels les pots seraient disposés sous l'empire d'une température conforme à la nature des plantes.

Les *tablettes* peuvent être formées de dalles minces, de plaques de fonte de fer, ou de planches de chêne ; ces dernières doivent être assez épaisses pour ne pas trop se déformer par l'effet de la chaleur et de l'humidité. Les tablettes occupent toujours la partie inférieure de la serre, parallèlement au bas des vitrages, le long du mur antérieur, et reposent en partie sur l'épaisseur de ce mur. C'est la place réservée aux plantes qui s'élèvent peu, demandent beaucoup de lumière, et se parent d'une floraison éclatante autant que prolongée ; nous en donnerons les listes pour chaque genre de serre.

Le mur antérieur de la serre ne doit pas avoir moins de 50 à 60 cent. d'épaisseur, car d'une part il doit avoir la force de supporter tout le poids de la devanture vitrée qui repose sur lui seul, de l'autre il doit contenir dans son épaisseur les conduits de chaleur dont, à notre avis, et d'après notre constante expérience, c'est là la véritable place dans l'intérêt de la bonne santé et de la belle végétation des plantes de serre ; il est bien entendu que nous voulons parler des conduits dans lesquels la chaleur est produite par un foyer ordinaire, chauffé directement par le bois ou le charbon de terre. Le dessus du mur antérieur de la serre est en partie en dehors, en partie en dedans de la serre : la partie extérieure est en pente pour faciliter l'écoulement des eaux, la partie intérieure qui supporte la tablette est aussi légèrement inclinée mais en sens inverse : il ne faudrait pas que la pente fût assez forte pour qu'à la vue les pots placés sur la tablette parussent penchés en avant ; la moindre inclinaison, à peine apparente, suffit pour que l'eau ne puisse séjourner sur la tablette, et c'est tout ce qu'il faut. Nous pensons que la tablette ainsi disposée devrait toujours être en pierre ou mieux en fonte de fer, les tablettes de bois sont trop promptement détruites ; elles ont besoin de trop fréquentes réparations, précisément dans la partie de la serre où les réparations causent le plus de désagrément et d'embarras. La fig. 17 donne la coupe du mur antérieur d'une serre avec sa tablette à l'intérieur et son rebord incliné à l'extérieur ; on voit aussi la disposition du conduit de chaleur dans l'épaisseur de ce mur.

Les serres à cultiver les ananas et les serres à forcer les primeurs admettent en outre des tablettes le long du mur du fond ; on en place un ou deux rangs, selon la hauteur de la serre. Ces tablettes, le plus souvent en bois, sont destinées à recevoir des pots de fraisiers ou de petites plantes dont on veut hâter la floraison.

Les gradins ou étagères sont disposés sur 3, 4 ou même 5 rangs, à la place de la bâche ; leur construction, en bois ou en fer, n'offre rien de particulier, elle est exactement semblable à celle des gradins sur lesquels on place en plein air les collections d'auricules ou d'œillets. Quelques serres à deux versants, qui reçoivent le jour de tous les côtés, admettent des gradins d'une forme particulière, dont les lignes brisées augmentent le développement, et donnent un charme particulier à l'aspect des plantes en fleur posées sur ce genre de gradins.

Les moyens de *chauffage* pour les serres sont très-nombreux et très-variés, nous indiquerons à chaque genre de serre celui qui lui convient le mieux ; rappelons seulement ici que le procédé de chauffage, quel que soit celui qu'on adopte, ne doit jamais avoir l'ouverture de son foyer dans la serre, où, comme nous l'avons dit, la cendre et la fumée, ne doivent jamais pénétrer. Les conduits de chaleur règnent dans l'épaisseur du mur antérieur des serres à un seul versant ; pour celles à deux versants, qui ont ordinairement plus d'étendue, les conduits peuvent être placés sous les passages recouverts de planches mal jointes à dessein : ils peuvent aussi se placer le long du mur du fond. Tout dépend du but qu'on se propose et de la température qu'on doit entretenir à l'intérieur de la serre. Cette température, qu'il importe de maintenir aussi égale que possible en évitant les brusques passages du chaud au froid et réciproquement, diffère non-seulement pour chaque genre de serre, mais aussi pour chaque saison ; elle ne doit pas non plus être exactement la même le jour et la nuit : elle a seulement dans toutes ces circonstances un maximum et un minimum qu'elle ne doit jamais dépasser. Le jardinier chargé du soin d'une serre doit donc consulter à tout moment son thermomètre, ou plutôt ses thermomètres ; car, pour connaître la température vraie de l'intérieur d'une serre de quelque étendue, plusieurs thermomètres sont nécessaires. Il en faut toujours au moins deux : l'un à 16 cent. du vitrage, loin du foyer et des conduits de chaleur ; l'autre à 16 cent. du foyer. D'autres thermomètres seront suspendus dans les parties de la serre où l'on aura lieu de craindre un abaissement de température, dont il sera toujours facile de s'assurer, par ce moyen, afin d'y porter remède. Quelle que soit la place choisie pour les thermomètres, elle doit toujours être à l'abri de l'influence directe des rayons solaires.

Lorsque le thermomètre indique dans la serre une température trop élevée, et que la température extérieure est inférieure à zéro, il ne faut laisser échapper la chaleur superflue qu'avec beaucoup de précautions, en donnant un peu d'air par la partie supérieure de la serre ; mais cette nécessité ne devrait jamais se présenter dans une serre bien gouvernée : le chauffage au thermosiphon donne lieu plus rarement que tout autre à ces coups de chaleur imprévus qui sont toujours fort dangereux pour les plantes de serre. Il faudrait bien se garder de laisser entrer par les châssis inférieurs de la serre un air trop vif, dont le contact serait très-préjudiciable aux plantes délicates. Du reste, la *ventilation* des serres se règle toujours sur la température extérieure. Toutes les fois que cette température le permet, il est utile de ventiler les serres en ouvrant en même temps les panneaux du bas de la serre et les ventilateurs de sa partie supérieure.

Afin de pouvoir établir dans les serres des courants d'air qui en renouvellent l'atmosphère en les purifiant, on ménage pour la ventilation des compartiments mobiles dans les panneaux supérieurs du vitrage. Les fig. 18 et 19 montrent une bascule aussi simple que facile à manœuvrer, pour donner de l'air par en haut à toute espèce de serre. En tirant le cordon A, fig. 18, on place à volonté la bascule B dans la position représentée fig. 19 ; l'ouverture du ventilateur C se règle selon le besoin, en arrêtant le cordon A au point qui correspond au degré d'écartement désiré.

L'air, ce fluide dans lequel nous vivons et sans lequel nous ne pouvons vivre, joue avec la lumière un rôle important dans la végétation des plantes de serre ; il n'y a qu'une longue pratique qui puisse apprendre à le distribuer aux végétaux selon leur nature, au moment opportun : presque toutes ne prospèrent que dans un air fréquemment renouvelé ; quelques-unes seulement peuvent vivre dans un air stagnant, qui ne se renouvelle pas. La facilité de la ventilation est donc une des conditions les plus essentielles d'une serre bien construite : si cette condition n'est qu'imparfaitement remplie, la stagnation de l'air dans la serre engendre la moisissure, qui s'étend sur les plantes en commençant par les cicatrices des tiges qui ont été taillées, et la place que laissent vide sur leurs tiges les feuilles qui tombent; puis le mal gagne les feuilles et la tige, et les plantes périssent. Dans une serre mal aérée la terre des pots montre à la surface, outre la moisissure, des champignons dont la présence est fatale aux végétaux près desquels ils prennent naissance; il faut donc se hâter, non-seulement de les détruire, mais de prévenir leur reproduction, ce qu'on ne peut espérer que d'une ventilation sagement ménagée.

Le degré d'humidité de l'atmosphère des serres, degré qui doit différer conformément à la nature de chaque tribu de végétaux exotiques, est aussi un point fort essentiel à connaître, afin d'employer au besoin les divers procédés en usage pour accroître ou modérer cette humidité. Les instruments le mieux appropriés à cette destination se nomment hygromètres, ils ne sont pas aussi communément employés dans les serres qu'ils mériteraient de l'être; ils indiquent, au moyen d'une graduation aussi facile à suivre que celle du thermomètre, l'humidité de l'air de la serre, depuis la sécheresse absolue jusqu'au degré de saturation.

Les arrosages et les seringages donnés à propos produisent le plus souvent une humidité suffisante dans l'atmosphère de la serre; lorsqu'on croit utile de l'augmenter, ce qui est souvent nécessaire dans la serre aux orchidées, on répand dans les sentiers de l'eau que la chaleur convertit bientôt en vapeur.

Pour éviter les effets d'une humidité superflue, nous conseillons d'établir la maçonnerie d'une serre, quelle qu'elle soit, de préférence au printemps plutôt qu'à l'automne, parce que la construction a le temps de sécher jusqu'à l'époque où il devient nécessaire de fermer les serres. Les serres, construites à l'automne, dont les plâtres ou les ciments n'ont pas pu se ressuyer avant d'y renfermer les plantes, ont toujours donné, la première année, de mauvais résultats dus aux émanations qui s'en exhalent.

§ VII. — Arrosage et seringage.

Les arrosages sont au nombre des opérations les plus importantes de la culture des plantes de serre; l'eau ne doit jamais être donnée aux plantes de serre à une température inférieure à celle de la serre, il est donc indispensable d'avoir dans la serre même un tonneau ou un réservoir quelconque dans lequel l'eau destinée aux arrosages reste assez long-temps pour se mettre à la température de l'atmosphère de la serre. Mais l'eau dans ces conditions ne saurait se conserver quelques jours sans se gâter et infecter la serre d'une odeur de gaz hydrogène phosphoré, bien connue sous le nom vulgaire d'*odeur d'eau croupie*. Cette corruption de l'eau est due aux animalcules invisibles qu'elle contient en grand nombre et dont l'existence individuelle est toujours très-bornée; leurs cadavres microscopiques en se décomposant sont la seule cause de cette altération, car l'eau parfaitement pure, l'eau distillée, ne subirait dans les mêmes conditions aucune altération. On prévient cet inconvénient en ayant soin d'entretenir dans le bassin de la serre un nombre suffisant de petits poissons, ordinairement des cyprins dorés de la Chine; ces poissons font leur nourriture des animalcules microscopiques contenus dans l'eau.

La distribution de l'eau aux plantes de serre doit être faite avec discernement; le jardinier ne doit exécuter aucune partie de la besogne machinalement et par routine : les plus simples, comme les plus compliquées, exigent de sa part réflexion et intelligence. Du printemps à l'automne, l'heure des arrosages des plantes de serre, le matin, varie en raison de celle à laquelle les rayons solaires commencent à frapper directement les vitrages; il importe qu'au moment où les plantes de serre reçoivent le soleil leurs feuilles ne soient plus mouillées par l'eau des arrosages.

Indépendamment de l'eau distribuée à la terre des pots, eau qui concourt à la nutrition des plantes en transmettant à leurs racines les parties nutritives de la terre, il est souvent nécessaire de rafraichir le feuillage des plantes de serre pour combattre les fâcheux effets de la chaleur artificielle souvent très-desséchante; c'est ce qu'on fait en seringuant les plantes : celles qui occupent dans la serre la partie la moins éloignée du foyer, en ont particulièrement besoin, surtout en hiver.

Lorsque, dans une journée d'été, le temps, après avoir été légèrement couvert pendant la matinée, s'éclaircit de bonne heure, et qu'on voit les nuages se confondre et disparaître en s'élevant dans l'atmosphère, c'est un signe assuré que la journée sera chaude et sèche; il faut donc s'empresser de seringuer les plantes, non pas en lançant sur leur feuillage les filets d'eau qui s'échappent des trous de la gerbe de la seringue, mais en faisant retomber doucement l'eau sur les plantes, sous la forme d'une pluie très-divisée.

L'eau la meilleure pour arroser les plantes de serre est celle des pluies d'orage, qui contient, outre ses proportions ordinaires d'hydrogène et d'oxygène, un peu d'azote et d'acide carbonique; mais on a rarement occasion d'en faire usage. L'eau de pluie ou de neige fondue, ayant été suspendue dans l'atmosphère sous forme de nuage, est aussi très-bonne pour arroser; l'eau courante des rivières et ruisseaux, l'eau presque stagnante des canaux alimentés par une eau courante sont encore pour les arrosages de très-bonne qualité. La plus mauvaise de toutes est celle des puits. Toutes les eaux de puits ne sont pas mauvaises au même degré; il y a des puits alimentés par des sources dont l'eau n'est pas de beaucoup inférieure à celle des rivières et des ruisseaux. Mais l'eau de la plupart des puits est chargée de sels calcaires ou alcalins qui, lorsqu'on s'en sert habituellement pour arroser les plantes de serre, s'attachent au collet des plantes et sur les racines elles-mêmes, ainsi qu'aux parois des pots. Ces sels par leur dureté compriment les parties auxquelles ils s'attachent, et peuvent occasionner la mort des plantes.

Les sucs de certains végétaux peuvent exercer sur l'eau une singulière influence qu'il eût été impossible de prévoir si la preuve n'en eût été acquise par l'expérience. Il est arrivé plusieurs fois que, les jardiniers ayant lavé dans l'eau du bassin leur serpette et leurs mains lorsqu'ils venaient de tailler quelques plantes dont les propriétés n'étaient pas connues sous ce rapport, les poissons de ces bassins sont morts aussitôt, et l'eau est entrée immédiatement en putréfaction. Cet effet a été observé de la part de l'*hypomane biglandulosa*, du *mancenilla*, du *cerbera tanguin*, du *sapium lauro-cerasum*, du *comocladia dentata*; il est probable que d'autres plantes ont des propriétés analogues qui n'ont pas encore eu occasion de se manifester. Ces plantes ne sont pas moins dangereuses pour l'homme que pour les poissons. Plusieurs fois, des jardiniers, rien que pour avoir frotté les feuilles du comocladia entre leurs doigts, se sont trouvé le lendemain tout le corps enflé et les yeux frappés d'une cécité passagère. Les sucs de ces plantes sont excessivement dangereux; la moindre coupure faite par accident avec la serpette imprégnée de ces sucs au moment de la taille, peut être mortelle comme la piqûre d'une flèche empoisonnée. Le sapium a fait perdre un œil à l'ancien jardinier de la Malmaison.

Les plantes de serre se plaisent dans des milieux de nature très-diverse. Les unes veulent la terre de bruyère pure ou mélangée, ou la terre franche de jardin; les autres veulent une terre mêlée de tessons de poterie, de débris de bois pourri, de sable de rivière, de moellon pulvérisé : d'autres, enfin, ne veulent aucune sorte de terre, elles vivent aux dépens de l'air ou de l'eau, ou bien elles subsistent en parasites sur d'autres végétaux. Ces dernières appartiennent presque toutes à la serre chaude, sauf un petit nombre qui sont de serre tempérée. On est guidé à cet égard par les notions que possède l'histoire naturelle sur les conditions d'existence de chacune de ces plantes dans son pays natal. On observe aussi dans certaines familles de plantes des répugnances et des sympathies; il en est

qui ne peuvent vivre dans le voisinage de certains autres végétaux, et qui veulent être cultivées à part ou en société avec des végétaux d'une nature analogue à la leur, exigeant le même mode de culture. C'est ainsi que les pothos et les caladium semblent se plaire ensemble, et que les fougères ainsi que plusieurs orchidées prospèrent à l'ombre des palmiers et d'autres arbres.

§ **VIII**. — Rempotage.

Le rempotage est une des opérations les plus délicates de la culture des plantes de serre. Toutes les plantes n'ont pas besoin de recevoir de nouvelle terre chaque année, plusieurs ne doivent être rempotées que tous les deux ans; mais le plus grand nombre a besoin d'un rempotage annuel, non pas tant pour renouveler la terre des pots, qui n'est pas toujours épuisée au bout d'un an, que pour maintenir dans de certaines limites toutes les plantes dont la culture ne serait plus possible dans la serre si on voulait les laisser s'étendre à volonté. Pour ces plantes, le rempotage annuel est principalement nécessité par le besoin de rogner les racines lorsqu'on s'aperçoit qu'étant devenues trop volumineuses elles se trouvent gênées dans le pot qui les contient. Il faut alors diminuer tout à la fois et dans la même proportion les branches et les racines. Les rempotages dirigés vers ce but ne doivent être donnés qu'au moment de la reprise de la sève, alors que la vigueur de la végétation donne lieu d'espérer que la plante réparera promptement ses pertes et ne tardera pas à se retrouver aussi touffue qu'auparavant. Excepté cette circonstance particulière le rempotage général doit avoir lieu immédiatement après l'hiver, avant les premiers symptômees de la reprise de la végétation. Presque toutes les plantes à cette époque ne souffrent pas sensiblement du rempotage, on peut sans crainte retrancher s'il est nécessaire le quart ou la moitié de la terre qui adhère à leurs racines; il en est même à qui l'on peut enlever tout sans inconvénient. Dans ce cas les racines mises entièrement à nu sont raccourcies selon que le jardinier le juge nécessaire, et la terre épuisée qu'on vient de leur ôter est immédiatement remplacée par de la terre neuve : il en est plusieurs pour qui ce traitement serait mortel et qui cependant ne sauraient vivre toujours dans la même terre. On détache la motte du pot avec le plus de précaution possible, on retranche seulement la partie du chevelu qui touchait aux parois du pot; puis on replace dans son pot la motte légèrement diminuée de volume, et on fait couler tout autour de la terre neuve qu'on attache immédiatement aux racines par un léger arrosage.

Nous insistons sur la nécessité de retrancher en même temps, à l'époque du rempotage, les rameaux et les racines des plantes vigoureuses auxquelles on ne peut donner des pots d'une plus grande capacité que ceux d'où elles sortent. La proportion qui doit toujours exister entre le volume des racines et celui des tiges ne peut être dérangée impunément; une plante même vigoureuse serait exposée à périr si on laissait à ses racines diminuées de la moitié de leur volume la charge de nourrir une touffe à laquelle on n'aurait rien retranché. Les plantes dont les racines ne peuvent être rognées qu'avec la plus grande discrétion appartiennent principalement aux familles des Clusiées, des Sapotées,

des Laurinées, des muscadiers ou Myristicées et des Girofliers ou *cariophyllus*; plusieurs Borraginées sont dans le même cas. On peut, au contraire, détacher tous les ans la totalité de la terre adhérente aux racines de toutes les Liliacées, seulement il faut attendre pour cette opération que leur floraison soit passée et que leur feuillage commence à jaunir. Les Crinums n'ont besoin de ce renouvellement complet que tous les deux ans. L'année suivante, à l'époque du rempotage, on se contente d'enlever doucement la motte et de détacher tout autour une petite portion de l'ancienne terre qu'on remplace par une quantité équivalente de terre neuve.

La terre de bruyère ne peut être examinée avec trop d'attention avant de l'employer au rempotage des plantes de serre; elle pourrait leur être mortelle si, au lieu d'avoir été enlevée à la surface du sol, elle avait été prise à plus de 33 cent. de profondeur. La terre de bruyère tourbeuse peut aussi être funeste à quelques plantes, comme elle est avantageuse pour quelques autres.

On veillera avec soin à ce que le fragment de poterie destiné à boucher le trou placé au fond du pot ne le ferme pas hermétiquement, car, dans ce cas, l'eau qui séjournerait sur les racines les ferait pourrir et causerait la mort de la plante.

§ **IX**. — **Ombrage** et soins de propreté; destruction des insectes.

Il est impossible d'indiquer avec précision le moment de la journée où il convient d'étendre les toiles pour donner de l'ombre à l'intérieur des serres; l'ombre des toiles n'est nécessaire que quand le soleil est vif et piquant et que son influence fait monter rapidement le thermomètre au delà du maximum que la température de chaque serre ne doit pas dépasser. Il faut aussi s'empresser d'étendre les toiles chaque fois que l'on remarque des symptômes prochains d'un violent orage, qui peut toujours être accompagné de grêle. Lorsqu'après avoir un peu trop tardé à donner l'arrosage du matin, l'on s'aperçoit que les feuilles de plusieurs plantes sont encore mouillées, alors que le soleil darde avec force ses rayons sur le vitrage de la serre, il ne faut pas balancer à étendre les toiles, car les feuilles de la plupart des plantes de serre sont brûlées lorsque le soleil vient à frapper dessus avant que l'eau des arrosages soit évaporée. Ces accidents n'ont lieu que dans la saison où le soleil est dans toute sa force ; il n'y a jamais d'inconvénients à laisser pénétrer librement ses rayons dans la serre aux époques de l'année où il ne peut exercer qu'une influence bienfaisante sur la santé des végétaux.

Les soins de propreté que réclament les végétaux renfermés dans la serre sont indispensables à leur conservation ; il ne suffit pas de les nettoyer seulement lorsque les feuilles se couvrent de moisissure ou de ce champignon noir, microscopique, qui ressemble à de la suie ; le lavage des feuilles avec l'éponge est nécessaire toutes les fois que la poussière ternit la verdure des plantes, sans attendre qu'il en soit résulté de fâcheux effets. Quelques explications à ce sujet nous semblent ici à leur place. Les feuilles des plantes sont munies, surtout à leur face inférieure, de petites ouvertures nommées *stomates*, dont les fonctions peuvent, jusqu'à un certain point, être comparées à celle de la bouche chez les animaux, puisque c'est par les stomates que passe la portion de nourriture puisée par les plantes dans l'atmosphère, dont elles s'approprient les éléments qui leur conviennent. On voit par là combien il importe que rien n'obstrue les stomates et ne les empêche de fonctionner. Il y a des plantes dont, par ce seul motif, la poussière trouble et dérange entièrement la vie végétale : tels sont entre autres les Camellias, qui vivent péniblement dans les appartements, parce que l'air s'y trouve constamment chargé de ces myriades de particules légères qu'un rayon de soleil rend visibles à l'œil nu.

Le nettoyage des plantes de serre a souvent aussi pour but la destruction des insectes et de leurs œufs collés à la surface des feuilles. On comprend aisément avec quels ménagements et quels soins attentifs doivent être touchées les feuilles tendres et délicates de certains végétaux, dont une main maladroite ou négligente froisse le parenchyme et endommage ou déchire les stomates. Quoique ce dommage ne soit pas immédiatement visible, il n'en est pas moins réel lorsqu'on a passé lourdement et sans précaution la brosse ou le pinceau sur un feuillage délicat ; la plante n'en est pas moins privée de ses organes les plus nécessaires. Il y a même des plantes où ces organes sont si frêles que la brosse et le pinceau, même entre des mains adroites, exercent encore un toucher trop rude ; on ne s'en aperçoit pas sur-le-champ, mais quelque temps après leurs feuilles se rayent et tombent. Pour tous ces végétaux, et en général pour les feuilles de toutes les plantes de serre sans exception, l'éponge doit être préférée même à la brosse douce et au pinceau toutes les fois que son action dépourvue de danger suffit pour le nettoyage.

Beaucoup d'insectes envahissent les serres et s'y propagent au détriment des plantes exotiques.

La cochenille peut faire périr les Caféyers, les Liliacées, les Mikania, les Cactées et nombres d'autres plantes sur lesquelles elle s'attache. Le seul moyen de détruire ces insectes, c'est de les enlever avec la brosse, le pinceau, ou l'éponge. Un autre insecte du même genre (*coccus*) attaque spécialement les Acacias de la Nouvelle-Hollande et les Épacridées; on le détruit en saupoudrant ces plantes avec de la fleur de soufre après les avoir mouillées.

Nous avons aussi à combattre dans les serres une araignée presque microscopique, insecte appartenant au genre Acarus (mite ou ciron). Ces insectes causent quelquefois la mort des plantes; les Mamillaria, qui en sont fréquemment attaqués, succombent souvent sous leurs morsures. On les détruit en seringuant les plantes avec de l'eau dans laquelle on a délayé un peu de fleur de soufre. On est quelquefois forcé de recourir à un autre moyen assez dangereux, qui consiste à répandre un peu de fleur de soufre sur les conduits de chaleur, pour donner lieu à un dégagement de gaz acide sulfureux; il ne faut user de ce moyen qu'avec les plus grands ménagements, car un peu trop d'acide sulfureux répandu dans l'atmosphère de la serre ferait autant et plus de tort aux plantes que la présence des acarus.

Les plantes de serre sont aussi très-souvent en proie aux ravages des pucerons, insectes qui vivent sur elles en société. Pour les détruire, on fait brûler sur un réchaud du tabac à fumer; il faut que la fumée produite soit assez épaisse pour que deux hommes placés à deux ou trois mètres l'un de l'autre ne puissent se voir. Cette fumigation ne fait pas un tort très-notable aux plantes; mais il ne faudrait pas qu'elle se prolongeât au delà de quelques heures, ni qu'elle fût trop fréquemment répétée.

Nous devons une mention particulière à une espèce distincte de puceron, qui diffère peu de celui qui infeste le plus communément les plantes de serre. Il ne s'attache qu'aux racines des plantes. Ce puceron est d'un vert glauque; le duvet dont il est revêtu empêche l'eau de l'atteindre. Il est assez commun sur les rosiers; nous l'avons aussi observé fréquemment sur les Gardoquias, qu'il fait périr si l'on n'a soin de les en débarrasser par les procédés que nous venons d'indiquer.

Telles sont les données générales que nous avons cru nécessaire d'exposer, pour plus d'ordre et de clarté, avant de décrire en détail les notions relatives aux divers genres de serres en particulier, notions qui feront le sujet des chapitres suivants.

CHAPITRE DEUXIÈME.

BACHES.

On peut construire des bâches de bois de dimensions diverses; celles qui n'ont pas au delà de 1 mètre 35 de large, et dont l'inclinaison ne dépasse pas 10 à 15 degrés, sont désignées par les jardiniers sous le nom de châssis; c'est, si l'on peut s'exprimer ainsi, la serre réduite à sa plus simple expression. Le châssis peut n'être qu'un simple cadre en bois enterré de 35 centimètres dans le sol, et ne dépassant pas la surface de plus de 15 centimètres à la partie antérieure. Le côté du fond est nécessairement plus élevé en raison de l'inclinaison donnée aux panneaux du châssis. On nomme *châssis froid* celui que représente la figure 20; il est exposé au midi, son inclinaison est de 15 degrés; il ne doit recevoir que des plantes analogues aux plantes d'orangerie, pouvant par conséquent se passer de chaleur pendant l'hiver; aussi n'a-t-on ménagé aucun moyen d'y produire au besoin un degré quelconque de chaleur artificielle : on ne peut que le couvrir de paillassons ou de litière pendant les grands froids. L'observation démontre que, passé 33 centimètres de profondeur, la terre ne gèle pas sous le climat de Paris, lorsqu'on la garantit du contact direct de l'atmosphère glaciale. La même construction peut être répétée en maçonnerie légère si l'on veut qu'elle soit plus durable.

La *bâche* représentée fig. 20 *bis* n'offre dans la construction qu'une seule particularité; elle est enfoncée d'un mètre au moins dans le sol; c'est une fosse recouverte d'un châssis vitré. Cette bâche convient spécialement pour la conservation pendant l'hiver des *nerium* (lauriers-roses). On sait que ces arbrisseaux, qui croissent naturellement au bord des eaux dans le midi de la France, et dans toutes les contrées méridionales de l'Europe, ne craignent point l'humidité. La bâche profondément creusée suffit pour les préserver du froid, sans avoir recours à aucun procédé de chauffage; on couvre seulement les vitrages de paillassons ou de litière pendant les grands froids, et l'on donne de l'air toutes les fois que la température extérieure le permet.

Les autres plantes et arbustes d'orangerie qui craignent l'humidité ne pourraient être conservés l'hiver dans une bâche semblable; ils y seraient atteints par la moisissure.

Plus les dimensions des bâches grandissent, plus leur inclinaison est augmentée, et plus elles se rapprochent des conditions d'une serre à un seul versant, pour finir par se confondre avec ce genre de construction. Une grande bâche peut être chauffée, soit par des réchauds de fumier disposés tout autour, soit par un appareil quelconque de chauffage, et rentrer dans les conditions d'une serre tempérée ou d'une serre chaude; les bâches aux ananas, où l'on force en même temps des fraisiers en hiver, sont des diminutifs de serre chaude. Examinons les détails de construction et les usages principaux des divers genres de bâches.

Les *bâches froides*, en Angleterre, sont souvent construites en briques de la manière que représente la fig. 21. Chaque mur, à partir du bas de ses fondations, est composé de deux murs parallèles séparés par un espace vide; par cette disposition, le froid extérieur pénètre beaucoup plus difficilement dans la bâche que s'il n'avait à traverser que la même épaisseur en maçonnerie pleine. Ce mode de construire les fondations et les bâches est excellent en lui-même; il mérite d'être appliqué à la construction des serres et des conservatoires, qu'il rendrait beaucoup moins accessibles au froid extérieur.

Un autre moyen analogue à celui-là, et basé sur le même principe, consiste à ouvrir sur le devant de la bâche, fig. 22, au niveau des fondations de son mur antérieur, un fossé dont les proportions peuvent varier selon les dimensions des bâches, mais sans dépasser une largeur de 30 centim. au niveau du sol; ce fossé peut être laissé vide, recouvert seulement d'une planche pour le service de la bâche, et pour rejeter les eaux pluviales. Quand la gelée pénètre dans l'intérieur d'une bâche, c'est toujours par la terre, qui se trouvant prise par le froid au point où elle touche la maçonnerie, abaisse rapidement jusqu'au-dessous de zéro la température de cette maçonnerie, laquelle communique la gelée au sol intérieur de la bâche : on voit par-là l'utilité du fossé antérieur régnant le long de la bâche. On peut augmenter cette utilité en remplissant le fossé de litière longue ou de feuilles sèches pendant l'hiver, la fig. 22 montre cette disposition. Les panneaux vitrés dont on recouvre les bâches et les châssis sont en tout semblables à ceux qui font partie du vitrage des serres; on doit veiller à ce qu'ils s'ajustent parfaitement, de manière à procurer à l'intérieur une clôture hermétique. Leurs dimensions et celles de leurs vitres qui se recouvrent en écailles de poisson, comme le montre la fig. 10, sont nécessairement variables.

Pour les simples *châssis à forcer les primeurs* (fig. 23), les proportions ordinaires des panneaux sont 1 mèt. 50 de long, sur 1 mèt. 15 de large. On donne à ces panneaux une inclinaison de 10 degrés seulement; ils reposent sur de simples coffres en bois, au niveau du sol, recouvrant des couches tièdes ou chaudes, formées de fumier neuf enterré dans le sol; quand leur chaleur est épuisée on la renouvelle au moyen de réchaufs de fumier neuf légèrement tassé, dont on entoure les cadres, sans déranger la couche; on remanie et l'on renouvelle les réchaufs autant de fois que l'exige la culture forcée des plantes qui croissent sous la protection du châssis. Les panneaux peuvent se transporter facilement au moyen de deux poignées en fer placées à chaque bout. De semblables châssis servent aussi pendant l'hiver à abriter certaines plantes non-seulement contre le trop grand froid, mais aussi contre l'humidité qui résulte des pluies abondantes ou de la fonte des neiges et de la glace.

Le même système s'applique en Angleterre beaucoup plus en grand, aux *bâches à forcer les primeurs*, principalement les melons et les concombres; des bâches en maçonnerie creuse, ayant 2 mètres de largeur sur une longueur arbitraire, reçoivent une couche de tan et de feuilles épaisse de 1 mèt. 50 et sont environnées de réchauds de fumier assez épais pour que leur influence se fasse sentir au travers de la maçonnerie ; ces réchauds sont disposés autour de la bâche de manière à l'isoler complétement du contact de l'air extérieur et du sol environnant, comme le montre la fig. 24. Ils sont eux-mêmes renfermés dans les fossés revêtus de maçonnerie.

La *bâche double* de Kendal, dont la fig. 25 représente une section verticale, est essentiellement formée de murs creux, plus larges à la base qu'au sommet. On voit comment les pierres interposées entre les briques dans la construction des murs, laissent à l'intérieur un vide de forme irrégulière qui se continue jusqu'au sommet, lequel se termine par une faîtière, soit en pierre, soit en bois.

Le terreau de la couche est supporté par un grillage en fonte de fer A A sur lequel on étend d'abord une couche de gazon ou de branches de pin brisées ; un lit épais de bonne paille peut faire le même effet.

La bâche de devant B est de 30 centimètres plus enfoncée dans le sol que la bâche du fond C, afin d'empêcher qu'elle ne lui intercepte la lumière. L'espace entre les deux bâches reçoit un réchauf de fumier qui agit sur toutes les deux en même temps : il est recouvert d'un plancher légèrement incliné pour l'écoulement des eaux pluviales. Ces bâches sont chauffées au moyen du fumier qu'on y introduit par les portes ouvertes aux deux extrémités, portes que la section verticale ne permet pas d'indiquer. Pendant les grands froids, des réchauds de fumier peuvent en outre être appliqués extérieurement à la portion des murs qui dépasse le niveau du sol.

La fermentation du fumier envoie au terreau, placé sur le grillage A A, une chaleur humide ; elle produit en même temps, à l'intérieur des murs creux, une chaleur exempte d'humidité. L'air ainsi échauffé peut être introduit dans l'intérieur de la bâche par les ouvertures D D ; il y forme une atmosphère très-favorable à la végétation.

Cette construction offre encore un autre avantage. En ouvrant les portes situées aux deux extrémités, on établit un courant d'air froid qui remédie en un instant à cet excès de chaleur des couches, si redouté des jardiniers sous le nom de *coup de feu*.

La bâche double de Kendal conserve très-long-temps la chaleur du fumier. On augmente cette propriété en évitant de mettre les murs en contact immédiat avec le sol environnant. A cet effet, quand la construction est terminée, au lieu de rejeter la terre le long des murs E et F, on établit du haut en bas de ces murs, jusqu'à fleur de terre, un lit de briques brisées, ou de tessons de poterie, de 30 centim, d'épaisseur.

Nous devons entrer dans quelques détails sur la culture sous *châssis froid des plantes bulbeuses*, presque toutes originaires du cap de Bonne-Espérance, auxquelles ce genre de protection convient spécialement.

Les plantes bulbeuses en général, et celles du Cap en particulier, ont un mode de végétation qui leur est propre ; quand l'époque de leur rentrée en sève est arrivée, rien ne peut les empêcher de pousser, qu'elles soient plantées ou non ; beaucoup de tubercules, entre autres les griffes de renoncule, peuvent être conservés hors de terre une année entière et même deux ans sans en souffrir ; leur floraison n'en est même que plus belle lorsqu'on les remet en terre, et les jardiniers les nomment *griffes reposées;* pas une bulbe ne partage cette faculté des tubercules de prolonger leur sommeil en restant hors de terre. Plusieurs fois on a essayé de retarder l'entrée en végétation des plantes bulbeuses du Cap, en enterrant leurs bulbes jusqu'au printemps dans de la terre sèche, ce qui ralentit jusqu'à un certain point le cours de leur végétation; mais alors la floraison venant à coïncider avec l'époque des fortes chaleurs, les plantes avaient trop à en souffrir. Il faut donc, jusqu'à ce que la science de l'horticulture ait fait un nouveau pas dans cette voie, ce qui doit résulter prochainement des recherches et des essais tentés à ce sujet, se borner à préserver ces plantes des atteintes du froid, et les laisser suivre le cours naturel de leur végétation qui amène leur floraison naturelle au printemps.

Les plantes bulbeuses du Cap se cultivent dans des pots dont on renouvelle la terre au mois de juillet. Ces pots sont enterrés dans le sol de la bâche, ou mieux dans une couche de scories de forge vulgairement nommée mâchefer, substituée à la terre dans le but d'éloigner les lombrics ou vers de terre qui leur feraient un tort très-notable s'ils pénétraient dans la terre des pots. Toutes ces plantes veulent un compost de terre franche et de terre de bruyère; on peut cependant y ajouter un peu de sable, si elle semble trop compacte; car leurs bulbes, surtout celles des Ixia, sont fort petites, et leurs racines fibreuses sont d'une extrême délicatesse, ce qui nécessite une terre très-légère, quoique assez substantielle.

Ces plantes aiment par-dessus tout la lumière; on doit donc s'abstenir de couvrir leurs châssis tant que l'état de la température le permet, et se hâter de les découvrir dès que le froid est passé, même entre deux périodes de froid, sauf à les couvrir de nouveau si la gelée reprend. Elles craignent autant que le froid un excès d'humidité qui fait pourrir leurs bulbes; il ne faut donc les arroser qu'avec modération, même en été; elles ne réclament presqu. pas d'eau en hiver. Par le même motif, on tiendra les châssis fermés pendant les pluies d'automne, qui leur feraient un tort irréparable. Le fossé plein de feuilles servant à isoler le châssis est très-utile pour préserver de la gelée les plantes bulbeuses du Cap; si l'on substituait un réchauf de fumier à cette garniture sèche, qui n'est qu'un simple préservatif, on hâterait la floraison des plantes bulbeuses, qui se prêtent fort bien aux procédés de la culture forcée; mais leur floraison, venue à son époque naturelle, est toujours plus parfaite.

Liste des plantes bulbeuses cultivées sous châssis froids.

Agapanthus umbellatus.	Alstroemeria Hookerii.
	lightu.
Albuca altissima.	pelegrina.
aurea.	psittacina.
cornuta.	Simsii.
major.	
minor.	Amaryllis (toutes les espèces du
	Cap, du Chili, d'Alger, du Mexi-
Allium rubicundum.	que).
Synnottii.	
verrucosum.	Anigozanthos coccinea.
	flavida.
Alstroemeria bicolor.	Manglesii.

Anigozanthos rufa.	Brunsvigia laticoma.	Ferraria angustifolia.	Gladiolus undulatus.
	minor.	antherosa.	versicolor.
Anisanthus splendens.	multiflora.	atrata.	viperatus.
		divaricata.	vomeculus.
Anomatheca cruenta.	Coburghia incarnata.	elongata.	watsonius.
juncea.		obtusifolia.	
	Collania urceolata.	uncinata.	Habranthus augustus.
Antholyza æthiopica.		undulata.	bifidus.
lucida.	Conostylis aculeata.		pumilus.
montana.	juncea.	Geissorhiza monantha.	
præalta.	serrulata.	rocheana.	Hæmanthus carinatus.
			carneus.
Babiana angustifolia.	Cyclamen coum.	Gladiolus alatus.	coccineus.
disticha.	persicum.	albidus.	maculatus.
mucronata.	neapolitanum, etc.	algoensis.	pubescens.
nana.		aphyllus.	rotundifolius.
obtusifolia.	Cyrtanthus carneus.	augustus.	triginus.
ochroleuca.	obliquus.	blandus.	
pallida.	odorus.	brevifolius.	Hesperantha angusta.
plicata.	striatus.	campanulatus.	cinnamomea.
purpurea.	vittatus.	cardinalis.	falcata.
ringens.		carneus.	pilosa.
rubro cyanea.	Dietes crassifolia.	cochleatus.	
sambucina.	iridioides (moræa).	concolor.	Imhofia crispa.
spathacea.		elongatus.	filifolia.
stricta.	Dilatris corymbosa.	fasciatus.	gemmata.
sulphurea.		floribundus.	
tenuiflora.	Drimia undulæfolia.	hirsutus.	Iris fimbriata.
tubata.	ovalifolia.	lævis.	susiana.
tubiflora.	parvifolia.	merianellus.	
villosa.	purpurascens.	namaquensis.	Ismene amancæs.
	pusilla.	natalensis.	nutans.
Belladona blanda.		permeabilis.	
pudica.	Eucomis bifolia.	puniceus.	Ixia aristata.
	nana.	tristis.	capitata.

Ixia columellaris.
    conica.
    crateroides.
    curta.
    dubia.
    erecta.
    flexuosa.
    fuscata.
    fusco citrina.
    hybrida.
    leucantha.
    maculata.
    monadelpha.
    ochroleuca.
    ovata.
    patens.
    viridiflora.

Lachenalia flava.
    luteola.
    pendula.
    punctata.
    quadricolor.
    rubida.
    tricolor.

Libertia paniculata.

Lilium japonicum.
    longiflorum.
    pumilum.

Massonia candida.
    grandiflora.
    longifolia.

Massonia undulata.

Melasphærula graminea.
    iridifolia.
    intermedia.

Milla biflora.

Moræa ciliata.
    dichotoma.
    edulis.
    elegans.
    fugax.
    minuta.
    papilionacea.
    sordescens.

Morphixia aulica.
    incarnata.
    linearis.

Nerine corusca.
    curvifolia.
    flexuosa.
    humilis.
    pulchella.
    rosea.
    sarniensis.
    undulata.
    venusta.

Ornithogalum aureum.
    ciliatum.
    conicum.
    crenulatum.

Ornithogalum graminifolium.
    maculatum.
    miniatum.
    niveum.
    nolatum.
    ovatum.
    pilosum.
    prasinum.
    revolutum.
    Rudolphi.
    secundum.
Orthosanthus multiflorus.

Oxalis canescens.
    hirta.
    incarnata.
    macrostylis.
    purpurata.
    rosacea.
    rosea.
    rubella.
    rubro-flava.
    secunda.
    Simsii.
    sinensis.
    tortuosa.
    tricolor.
    tubiflora.

Patersonia glabrata.
    glauca.
    lanata.
    longifolia.
    media.
    sericea.

Pelargonium lobatum.
    triste.
    verticillatum,

Petamenes quadrangularis.

Peyrousia bracteata.
    fissifolia.

Phycella cyrtanthoides.

Samolus littoralis.

Schelhammera undulata.

Scilla brevifolia.
    corymbosa.
    maritima.

Sinnotia bicolor.
    variegata.

Sisyrinchium chilense.
    graminifolium.
    iridifolium.
    luteum.
    speciosum.
    striatum.
    tenuifolium.

Sparaxis blanda.
    glandulifera.
    Griffini.
    lineata.
    pendula.

Sparaxis tricolor.
    versicolor.

Spatalanthus speciosus.

Sphærospora imbricata.

Streptanthera elegans.

Strumaria angustifolia.
    rubella.
    truncata.

Tigridia conchiiflora.

Tradescantia rosea.

Trichonema cruciatum.
    filifolium.
    longifolium.
    pudicum.
    recurvifolium.
    roseum.
    speciosum.

Tritoma media.
    pumila.
    uvaria.

Tritonia anigozanthiflora.
    capensis.
    crispa.
    fuscata.

Tritonia odorata.

Tulipa cornuta.

Wachendorfia graminea.
    hirsuta.
    paniculata.
    thyrsiflora.

Wallota purpurea.

Watsonia aletroides.
    angusta.
    brevifolia.
    compacta.
    fulgida.

Watsonia humilis.
    iridifolia.
    marginata.
    merina.
    plantaginea.
    punctata.
    rosea.
    rosea-alba.
    rubens.
    spicata.
    strictiflora.

Zephyranthes akermanniana.
    cafinata.
    grandiflora.
    sessilis. Etc., etc.

CHAPITRE TROISIÈME.

ORANGERIE.

De toutes les constructions servant à la conservation des plantes exotiques, l'Orangerie est celle qui se prête le mieux à recevoir toute sorte d'ornements d'architecture, sans qu'il en résulte aucun inconvénient pour les plantes qui doivent y vivre. Pour toute autre construction analogue, l'architecte est toujours gêné dans ses plans, ayant à mettre d'accord les exigences souvent opposées du jardinier, qui songe avant tout et avec raison à la santé de ses plantes, et du propriétaire qui veut un édifice à la fois adapté à son but d'utilité et gracieux dans sa forme extérieure. Pour l'orangerie, au contraire, l'architecte a ses coudées franches; il y peut ajouter autant d'ornements d'architecture qu'il est nécessaire pour que l'orangerie s'harmonise à la fois avec les lignes architecturales de l'habitation et avec celles du jardin dont il fait partie. Ce n'est pas que les dimensions de l'orangerie et les détails de la construction soient abandonnés au caprice; ils sont soumis, au contraire, à un certain nombre de règles très-positives dont on ne peut s'écarter; mais ces lois n'ont rien de gênant pour l'architecte, parce que l'orangerie ne reçoit les plantes que pendant le sommeil de leur végétation, époque de leur existence où elles n'ont besoin essentiellement que d'un abri contre le froid et l'humidité; c'est pourquoi la façade de l'orangerie n'exige aucune inclinaison; elle se construit toujours d'aplomb. Aucune plante n'accomplit dans l'orangerie le cours de sa végétation; aucune n'y porte fruit; aucune ne s'y multiplie de graine ou de bouture; ce n'est qu'un lieu d'hivernage pour un certain nombre de végétaux qui, sous le climat de l'Europe tempérée, ne peuvent passer l'hiver dehors, et dont la végétation ne commence pas avant le mois de mai. S'il en était autrement les jeunes pousses s'étioleraient et les fleurs tomberaient avant de s'épanouir privées des influences favorables que ces plantes à végétation précoce trouvent dans une serre froide ou tempérée ou sous un châssis. Quelques végétaux cependant ne sont pas dans ce cas, tels que les Acacias, les Camellia et quelques autres qui fleurissent en orangerie; pour cela on les y place de manière à ce qu'ils reçoivent le plus de lumière qu'il est possible et l'influence du soleil d'hiver; mais ces plantes se comportent toujours mieux en serre froide.

L'orangerie doit être exposée au plein midi; la façade de ce côté consiste en piliers solides, mais cependant assez légers et assez espacés pour laisser le plus de place possible aux fenêtres, car les plantes d'orangerie n'ont jamais trop de jour, surtout celles qui ne perdent pas leurs feuilles pendant l'hiver. C'est ce besoin de lumière qui détermine les limites que ne doit pas dépasser la largeur de l'orangerie, afin que l'espace le long du mur du fond ne soit pas trop obscur. La largeur de l'orangerie peut être sans inconvénient de 7 à 9 mètres, mais dans ce cas la partie la plus éloignée des fenêtres sera réservée pour les plantes et arbustes qui, comme les grenadiers, perdent leurs feuilles pendant l'hiver. La longueur est tout à fait arbitraire; la hauteur doit être proportionnée à celle des végétaux que l'orangerie doit recevoir; il en est qui dépassent 9 mètres d'élévation, en y comprenant celle de leurs caisses. En général, un propriétaire a rarement à se repentir d'avoir fait donner à son orangerie des dimensions plus grandes que ne l'exigent le nombre et le volume des plantes qu'il possède au moment où il fait bâtir. Les collections grossissent toujours, et les vides sont bientôt remplis.

Le mur de fond de l'orangerie ne saurait avoir trop de solidité, car la façade antérieure étant exposée au midi, celle de derrière est battue sans obstacle en hiver par les vents du nord; si ce mur n'a pas une épaisseur suffisante, le froid peut pénétrer au travers dans l'orangerie et compromettre l'existence des plantes. Aussi tout abri qui peut garantir ce mur du côté du nord, tel qu'un bâtiment voisin ou bien un massif de grands arbres, doit être considéré comme un grand avantage. En Angleterre, on adosse souvent à l'orangerie, soit un hangar, soit même une construction fermée, qui contribue puissamment à empêcher le froid d'y pénétrer.

La nécessité de sortir et de rentrer les plantes d'orangerie oblige à donner aux portes une grande élévation; la porte se place toujours sur un des côtés, à l'est ou à l'ouest, selon l'opportunité des dégagements, car il faut beaucoup d'espace pour que les chariots à transporter les caisses des orangers puissent tourner sans accident. Si la porte ouvrait sur l'une des deux façades, les chariots auraient trop de peine à circuler dans l'orangerie. Lorsque cette porte ouvre au nord, elle doit être solide et parfaitement jointe, afin qu'en hiver il ne puisse pas s'établir de courants d'air glacé qui détruiraient tout sur leur passage; mais la porte de service de l'orangerie ne doit jamais ouvrir à l'exposition du nord : il faut, au contraire, lui choisir la situation la mieux abritée possible, mieux à l'ouest qu'à l'est, ce que les dispositions du local ne rendent pas toujours praticable. Les vents d'est et d'ouest, quoique moins dangereux que ceux du nord pour les plantes d'orangerie, leur sont pourtant très-nuisibles, et l'on ne doit négliger aucun moyen de les empêcher de s'y introduire.

L'oranger, qui donne son nom à l'orangerie, supporte la pleine terre sur quelques points de notre frontière méridionale; il est l'objet d'une culture assez étendue et très-lucrative sur la partie du littoral du département du Var, qui s'étend entre Toulon et Antibes; la plaine d'Hyères est le point central de cette culture. L'oranger originaire de l'Asie méridionale est le seul des arbres exotiques qui, se convenant sur notre sol, porte à la fois des fruits mûrs, des fruits à demi formés et des fleurs. L'arbousier indigène, sur toutes les collines de nos départements méridionaux, présente la même particularité de végétation.

La culture de l'oranger dans l'orangerie n'offre aucune difficulté; il y passe très-bien l'hiver avec les nerium, les myrtes, les viburnum (laurier-thym), et la plupart des plantes récemment importées du nord de l'Hindoustan, du Népaul et des monts Hymalaya, de même que de celles qui nous sont envoyées des régions les plus élevées de l'Afghanistan.

L'orangerie pourrait admettre un bien plus grand nombre de plantes exotiques, moyennant un simple changement, non dans sa construction à proprement parler, mais seulement dans la conformation de son toit; si ce toit au lieu d'être couvert en tuiles ou en ardoises, l'était en panneaux vitrés, soit à deux soit à un seul versant, l'orangerie pourrait admettre, outre ses hôtes habituels, tous les végétaux qui, sans exiger beaucoup de chaleur en hiver, ne peuvent se passer de plus de jour que n'en reçoit une orangerie ordinaire; ces panneaux doivent être protégés à l'extérieur par un grillage en fil de fer. Avec cette simple modification l'orangerie se rapprocherait beaucoup des conditions d'une serre tempérée; on pourrait, lorsque la température extérieure descend au-dessous de zéro, faire monter à l'intérieur le thermomètre jusqu'à 5 ou 6 degrés seulement. L'orangerie à toit vitré, chauffée seulement autant qu'il est nécessaire pour empêcher la gelée d'y pénétrer, serait tout à fait analogue aux *conservatoires* (green-houses des Anglais), dont leurs jardiniers savent tirer un si grand parti.

Conservatoires ornés.

Nous en donnons ici 3 modèles d'architecture différente. Le modèle de conservatoire, fig. 26, est fort usité en Angleterre, et tous ceux qui l'ont adopté s'en trouvent très-bien pour la bonne végétation des plantes. Il a 12 mèt. 60 de long, 6 mèt. de large et 6 de hauteur. Il est chauffé par deux foyers placés aux deux bouts de la partie postérieure, et dont la fumée s'échappe par une cheminée commune; on peut y adapter également un thermosiphon. La coupe, fig. 26 A, montre la disposition intérieure et le passage des conduits de chaleur. L'élévation de la façade B et de l'une des extrémités C, donne le dessin de son architecture extérieure. On voit sur le plan D la situation des deux foyers *ff* en dehors du conservatoire, dans des cabinets qui y sont annexés.

La fig. 27, d'une architecture simple, remplit également bien le but dont nous venons de parler; cette green-house a 20 mètres de long sur 7 de large et 5 mètres de haut, mesures intérieures. Les murs de la façade et des deux petits côtés sont creux; tout le milieu de la serre est occupé par des gradins présentant à la lumière, qui pénètre de tous côtés, les végétaux qui les garnissent.

Un autre mode de construire un conservatoire à toit vitré est représenté fig. 28, sa hauteur permet d'y recevoir de grands végétaux; et si un chauffage convenable y entretient une chaleur douce durant les grands froids, il pourra devenir un charmant jardin d'hiver. De même dans l'été lorsque tous les panneaux vitrés des côtés auront été enlevés il pourra, en le laissant garni de plantes aimant l'abri, devenir une promenade couverte ou une retraite durant les orages et les jours de pluie.

L'Orangerie du Jardin-des-Plantes de Paris peut aussi être considérée comme orangerie ornée, nous en donnons la coupe fig. 29.

Les croisées, fig. 30, de cette orangerie sont trop basses, nous les avons grandies dans le dessin. Ces croisées à espagnolettes tournent sur un axe placé à 28 centim. de la baie, et s'ouvrent en dehors; lorsqu'on les ferme, les côtés viennent s'enchevêtrer dans la boiserie du châssis à demeure établi sur la baie, disposition indiquée en *a*, fig. 30; *b* est un des côtés de la croisée. Des jours supérieurs ont été ménagés de distance en distance dans la toiture; le côté *c*,

fig. 29, est vitré et à demeure, le côté *d* est plein; il s'ouvre à charnière pour la ventilation.

e tuyau de chauffage; *f* dalle en pierre ou tablette en bois pouvant recevoir des plantes en pot.

Lorsque l'orangerie conserve son toit opaque, un plafond est très-utile pour en éloigner l'humidité; il contribue en même temps à y maintenir une température plus douce que quand l'orangerie n'est pas surmontée d'un plafond. Si l'on se contente d'un simple plancher volant, ou faux plafond formé de planches ou de voliges sans plâtre, il faut au moins boucher les intervalles avec de la mousse, afin d'éviter les courants d'air froids. Si l'on calcule ce que coûte l'établissement d'un plafond ou d'un faux plafond au-dessus de l'orangerie, on trouvera dans les frais bien peu de différence avec ceux qu'exige la construction d'un toit vitré, qui rend l'orangerie propre à recevoir un choix de plantes exotiques beaucoup plus varié.

Lorsque le sol de l'orangerie n'est pas parfaitement exempt d'humidité, un plancher de chêne est fort utile pour l'assainir; ce plancher ne pourrait avoir une bien longue durée sur un sol humide; il serait bon alors dans ce cas d'enduire le sol par-dessous le plancher d'une couche de goudron ou de bitume mêlé de craie, comme cela se pratique pour les parquets des appartements au rez-de-chaussée. Le même enduit, assez peu dispendieux, peut être appliqué sur la surface intérieure du mur du fond de l'orangerie pour le préserver de l'humidité; cette précaution est superflue toutes les fois qu'une construction fermée ou même un simple hangar est adossé au côté nord de l'orangerie. Le plus souvent, le sol de l'orangerie est recouvert de terre battue enduite d'une couche de plâtras salpêtrés.

Une orangerie de grandeur moyenne a besoin de deux passages intérieurs qui la traversent dans toute sa longueur, l'un près du mur du fond, l'autre sur le devant, le long des colonnes qui supportent la façade antérieure. L'espace qui règne le long du mur du fond d'une grande orangerie est en général trop frais et trop obscur pour que les plantes y soient convenablement; cet espace est beaucoup mieux employé quand il sert de passage pour le service; il est bordé, du côté opposé au mur, par un ou plusieurs rangs de plantes et d'arbustes à feuilles caduques ; cette place leur est toujours réservée dans l'orangerie, quelle que soit leur taille, parce qu'ils ont moins à souffrir que les autres du défaut de lumière, leur végétation étant suspendue pendant l'hiver d'une manière absolue. Viennent ensuite les végétaux d'orangerie à feuilles persistantes, disposés, bien entendu, par rang de taille en lignes parallèles.

Dans la partie antérieure de la serre, chaque embrasure de fenêtre reçoit deux tablettes, en forme de gradins, l'une au-dessus de l'autre; afin d'intercepter le moins de lumière possible, la plus haute de ces deux tablettes n'a que la moitié de la largeur de celle de dessous.

Ces tablettes sont garnies, comme ornement, de plantes herbacées qui supportent la température de l'orangerie, mais qui veulent beaucoup de lumière et qui s'étioleraient si elles étaient éloignées des jours; ce sont principalement des verveines, des calcéolaires, des primevères, des géraniums et des pélargoniums.

Les plantes d'orangerie veulent très-peu d'eau tant que durent les froids, les arrosements sont plus fréquents et plus copieux à mesure qu'on avance vers le printemps. S'il survient des jours de chaleur desséchante avant l'époque où les plantes d'orangerie doivent être placées en plein air, il est utile de les seringuer tous les jours dans la matinée pour rafraîchir leur feuillage.

L'eau la plus convenable pour arroser les orangers, est particulièrement l'eau de Seine et l'eau de rivière, lorsqu'on en peut avoir à sa disposition. Dans le cas contraire, on corrige la crudité des eaux de puits en y faisant infuser, vingt-quatre heures d'avance, un peu de bon fumier; on peut aussi recouvrir la terre des caisses d'un lit de fumier court, bien consommé, par-dessus lequel on arrose; on évite ainsi l'effet du tassement trop fort de la terre, et les parties nutritives de l'engrais sont entraînées par l'eau vers les racines des orangers, chaque fois qu'on les arrose.

L'oranger souffre dans sa caisse toutes les fois que le collet est recouvert de terre. Tout oranger malade pour cette raison, doit être décaissé sans retard et remis tout aussitôt dans sa caisse d'une manière plus conforme à son mode de végétation, c'est-à-dire en laissant à l'air les racines supérieures au point de leur insertion au collet. L'orangé rencaissé doit être placé dans le lieu le moins exposé au froid. Il est essentiel de ne pas arroser les orangers ainsi traités jusqu'à ce qu'on se soit assuré en sondant la terre des caisses qu'elle est desséchée jusqu'au fond.

Le renouvellement de l'air est on ne peut pas plus favorable à la bonne santé de toutes les plantes d'orangerie à feuilles persistantes; tant qu'il ne gèle pas, les fenêtres de l'orangerie doivent rester ouvertes; l'air doux et calme des jours pendant lesquels l'atmosphère est tranquille leur est particulièrement favorable. Tant que durent les gelées on tient les fenêtres fermées le jour comme la nuit, et l'on a soin tous les soirs de fermer les volets intérieurs et d'y ajouter au dehors la protection des paillassons; il ne faut recourir au feu du poêle qu'à la dernière extrémité, quand un froid très-intense menace sérieusement d'envahir l'orangerie en dépit de tous les abris; mais, même dans ce cas, l'orangerie ne doit être chauffée qu'avec la plus grande prudence.

Une fois que le retour des gelées cesse d'être à craindre, on tient les fenêtres ouvertes, d'abord pendant le jour, ensuite toute la nuit, afin qu'au moment d'être mis tout à fait en plein air les végétaux d'orangerie y soient déjà habitués.

Toutes les plantes d'orangerie n'ont pas le même degré de rusticité; elles ne peuvent donc sortir de l'orangerie et y rentrer toutes à la même époque; les moins sensibles au froid ne sauraient être placées au dehors avant le 15 d'avril; il en est beaucoup qui, dans les années où le printemps est troublé par des retours de froids tardifs, seraient encore sorties trop tôt au 15 de mai, époque à laquelle, sous le climat de Paris, les plus délicates des plantes d'orangerie peuvent ordinairement être sorties sans danger. C'est donc seulement dans la première quinzaine de mai que les grands végétaux de nos orangeries vont joindre le luxe de leur parure parfumée à celle de nos parterres; et que les autres, réunis par groupes, nous font admirer cette végétation si riche et si variée qui les place au premier rang parmi les œuvres les plus gracieuses sorties des mains du Créateur. L'époque de la rentrée des plantes d'orangerie varie dans les mêmes limites; les plus rustiques supportent le plein air jusqu'à la fin d'octobre; les autres doivent être rentrées successivement depuis les premiers jours de ce mois. Il vaut mieux sortir plus tard les plantes d'orangerie et les rentrer plus tôt, que de les exposer à souffrir du froid; les orangers en particulier, et toute la tribu des citronniers, jaunissent sous l'influence des vents humides et froids de la fin d'octobre, même quand le thermomètre n'est pas descendu jusqu'à zéro. Il faut avoir soin de ne pas rentrer les plantes d'orangerie trop tôt après une pluie abondante qui aurait pénétré de trop d'humidité la terre de leurs caisses.

Une journée de printemps humide et douce, par un temps couvert mais calme, convient parfaitement pour la sortie des plantes d'orangerie; un jour calme, mais sec, avec un peu de ce soleil si doux au déclin de l'automne, selon l'expression du poëte, doit être choisi pour les rentrer.

Quelques arbres et arbustes convenables à l'orangerie.

Ceux qui, dans cette liste, sont suivis du mot « ombre », peuvent être mis derrière et sous les autres sans inconvénient.

Acacia longifolia.	Auracaria Cunninghammii.
verticillata.	excelsa.
vestita, etc.	imbricata.
Agave americana.	Arbutus andrachne.
	canariensis.
Araucaria brasiliensis.	unedo.

Azalea indica, etc.

Banksia verticillata, etc.

Budleya madagascariensis.

Calothamnus quadrifida.

Camellia japonica.

Cassuarina torrulosa, etc.

Celastrus multiflora (ombre).
  pyracantha (ombre).

Chamerops humilis.

Citrus aurantium (ombre).

Cunonia capensis.

Cussonia thyrsiflora.

Cycas revoluta.

Daïs cotinifolia (ombre).

{ Brugmansia suaveolens.
{ Datura arborea (ombre).

Dracæna australis.

Dacrydium cupressinum.
  elatum.

Edwarsia microphylla (ombre).
  tetraptera (ombre).

Ekebergia capensis.

Eucalyptus glauca.
  pulverulenta.
  robustus, etc.

Eugenia australis, etc.

Escallonia floribunda.

Grewia occidentalis (ombre).

Halleria lucida (ombre).

Ilex cassine.
  latifolia.

Kiggellaria africana.

Labichea lanceolata.

Lagerstroemia indica (ombre).

Lagunea squamea.

Laurus camphora.
  nobilis.

Ligustrum nepalense.

Magnolia fuscata.
  grandiflora.

Metrosideros lophanta.
  saligna, etc.

Myrtus communis (ombre).

Nandina domestica.

Nerium oleander (ombre).

Pelargonium inquinans.
  zonale, etc.

Phylloclades rhomboidalis.

Pinus australis.
  canariensis.
  Gerardii.
  longifolia.
  occidentalis.
  oocarpa.
  oocarpoides.
  timoriensis, etc.

Pistacia lentiscus (ombre).

Pittosporum tobira.
  undulatum, etc.

Plumbago capensis.

Podocarpus correanus.

Podocarpus elongatus.
  latifolia.
  macrophyllus.
  spicata.
  neriifolia.
  pungens.
  spicata.
  totara.

Punica granatum (ombre).

Quercus suber (ombre).

Royena lucida.

Schinus molle (ombre).

Sparmannia africana.

Tarchonanthus camphoratus.

Tetranthera japonica.

Taxus mackaya.

Verbena triphylla (ombre).

Viburnum cassinoides (ombre).

Virgilia aurea.

On cultive en orangerie toutes les plantes de la Nouvelle

Hollande, de la Nouvelle-Zélande, du Chili et une partie de celles du Cap.

Nous avons vu établir des *abris mobiles*, sortes d'orangeries ou de serres froides sans châssis, dont les effets nous ont parus assez bons pour être dignes que nous les citions ; l'idée en est ingénieuse et simple dans son exécution.

La fig. 25 *bis* représente la charpente d'un semblable abri que l'on établit contre un mur. Les montants *a* se posent à 2 mètres du mur ; les chevrons *b* s'assemblent par leurs mortaises dans des tenons pratiqués à l'extrémité des montants. Une traverse réunit le tout et peut être scellée par ses extrémités dans des murs de retour pour maintenir l'ensemble de cette légère charpente. Les montants *a* sont posés sur des dés de pierre *d*, où ils sont retenus chacun par un goujon en fer. Au moyen de pattes de fer *e* scellées dans le mur, les chevrons sont tenus par des boulons et des écrous *g*. Cette charpente se recouvre en hiver de paillassons aussi épais que des toits de chaume et composés de la même manière. Ils doivent avoir de 15 à 18 centimètres d'épaisseur. Leur proportion sera d'environ 2 mètres à 2 mètres 40 cent. carrés ; on les attache à la charpente au moyen de cordes ; on en déplace quelques-uns quand il ne gèle pas pour donner de l'air.

On peut cultiver en pleine terre sous cet abri les végétaux suivants :

Alstroemeria volubile (toutes les espèces).

Bignonia australis.
jasminifolia.
pandorea.

Capparis spinosa.

Clematis azurea.
bicolor.

Clianthus puniceus.

Daubentonia punicea.

Escalonia floribunda.
rubra.

Eucalyptus robusta.

Fuchsia corymbiflora.
magellanica.

Kadsura japonica.
propinqua (Sphærostemma propinqua).

Leicesteria formosa.

Ligustrum nepalense.

Mahonia fascicularis.

Mendevilla suaveolens.

Myrtus communis.

Nerium.

Olea europæa.

Poinciana Gilliesii.

Punica.

Et d'autres plantes de la Nouvelle-Hollande et du Chili.

CHAPITRE QUATRIÈME.

La serre froide est aussi nommée *bâche hollandaise*, bien qu'au moment où nous écrivons ce genre de serre soit très-rarement usité chez les horticulteurs hollandais. Elle se construit à deux versants, dont l'un peut être au nord et l'autre au midi, ou bien l'un à l'est ou au sud-est, et l'autre à l'ouest ou sud-ouest. Si la serre froide ne devait admettre que des plantes en pots, elle pourrait sans inconvénient être construite à un seul versant, adossée à un mur à l'exposition du midi; mais sa destination spéciale consiste à recevoir des végétaux placés en pleine terre dans ses bâches, et l'exposition du midi ne convient point à ces végétaux; la plupart d'entre eux, à cette exposition, éprouveraient une chaleur trop élevée pendant l'été.

Le sommet du toit vitré de la serre froide, représentée fig. 31, ne se termine pas par un angle; cette serre est couronnée par un sentier couvert en zinc, le long duquel règne de chaque côté une double rampe en fer avec une tringle légère pour le service des toiles et des paillassons (voir chapitre Ier, § v). Quoique la charpente de la serre froide puisse n'être qu'en bois de chêne, ou même de sapin, elle doit cependant avoir assez de solidité pour ne pas risquer de s'affaisser sous le poids de l'ouvrier chargé de monter dessus pour manœuvrer les toiles et étendre ou retirer les paillassons. On peut à cet effet renforcer les jointures par des barres de fer disposées en arc-boutant.

La distribution intérieure, comme le montre la fig. 31, admet un seul sentier avec deux bâches, une de chaque côté; on remplit ces bâches de terre de bruyère; les végétaux de serre froide y sont plantés en pleine terre.

L'épaisseur de la terre dont on remplit les bâches de la serre froide se proportionne aux dimensions de la serre et à celles des plantes qu'on se propose d'y cultiver; quelles que soient ces dimensions, l'inclinaison de chacun des deux versants de la serre froide doit être de 30 à 40 degrés.

Ce genre de serre n'admet en général dans sa construction aucun appareil de chauffage, parce que toutes les plantes de serre froide peuvent supporter une température de 3 degrés au-dessous de zéro. Il est facile d'empêcher le thermomètre de descendre plus bas et même aussi bas dans la serre froide sans recourir à aucun moyen de produire une chaleur artificielle. Quand le froid commence à se faire sentir, on couvre d'abord de paillassons le versant de la serre exposé au nord, en laissant celui du midi à découvert; quand le froid augmente, on ajoute à la couverture de paillassons du côté du nord une rangée de voliges recouvertes de paille, de litière longue ou de feuilles; cette couverture y reste jusqu'au printemps; on étend aussi des paillassons sur le versant du midi, mais ils ne sont pas à demeure; ils doivent être enlevés chaque fois que la température s'adoucit pendant la journée et replacés le soir sur les vitrages. Toutes les couvertures s'enlèvent définitivement au mois de mars; les plantes trop long-temps privées de lumière finiraient par s'étioler; elles ne peuvent guère rester couvertes que pendant six semaines sans en souffrir beaucoup; encore la nécessité de les tenir aussi long-temps dans l'obscurité n'existe-t-elle que durant les hivers les plus rigoureux qu'on puisse craindre sous le climat de Paris, circonstances atmosphériques qui ne se reproduisent que de loin en loin.

Quant à l'emploi du feu dans la serre froide, il ne doit pas en être question dans les hivers ordinaires. Sans doute, quand il gèle à 12 ou 15 degrés pendant un mois, il vaut mieux obéir à la nécessité que de perdre les plantes de serre froide; on est bien forcé dans ce cas d'y établir temporairement un poêle dans lequel toutefois il ne faut faire que tout juste assez de feu pour écarter la gelée. Cette nécessité se présente rarement; il peut se passer dix années de suite sans qu'il soit utile de faire du feu dans la serre froide.

Les arrosages ne doivent être donnés qu'avec beaucoup de prudence et seulement aux plantes qui paraissent souffrir le plus de la sécheresse. Du reste, les plantes de serre froide exigent peu de soins particuliers; la propreté, l'air, quelques seringages en été, et les moyens préservatifs que nous venons d'indiquer contre le froid, suffisent à ces végétaux. Durant toute la belle saison, on enlève le jour comme la nuit tous les panneaux, de sorte que les plantes de serre froide s'y trouvent à cette époque de l'année absolument dans les mêmes conditions que si elles étaient plantées en pleine terre à l'air libre. Toutefois il est prudent de replacer les vitrages et même de les couvrir de toiles ou de paillassons à l'approche des orages; car tout orage peut être accompagné de grêle, et le contact de la grêle, nuisible à tous les végétaux, peut être mortel pour les plantes de serre froide.

La fig. 36 *bis* représente la coupe d'une serre froide convenable aux *camellia*, *azalea*, rhododendron, etc. Elle est appuyée contre un mur qui l'abrite avantageusement. Si le mur était plus élevé, l'abri serait encore meilleur, mais on serait privé d'un peu de lumière. Cette forme de serre est très-usitée en Belgique où les cultivateurs marchands y placent une immense quantité d'élèves en petits pots, en multipliant les gradins.

La fig 36 *ter* offre une serre disposée pour les mêmes arbrisseaux. Elle est établie à Paris chez M. l'abbé Berlèse pour rentrer sa riche collection de *camellia*.

Principaux végétaux convenables à la serre froide dite
hollandaise.

La plupart de ces plantes s'y cultivent en pleine terre.

Amphicome arguta.	Brachyzema platiptera.
	hybrida.
Andromeda chinensis.	
jamaïcensis.	Burtonia violacea.
Billardiera fusiformis.	Chorizema Dicksonii.
	Henchmanni, etc
Bossiæa cordifolia.	
thymifolia.	Cleyera japonica.
Bouvardia splendens.	Clivia nobilis.
versicolor.	

Correa bicolor
    Cavendishii.
    longiflora.
    ruffa.
    speciosa.
    viridiflora.

Cosmelia rubra.

Crowea saligna.

Daviesia acicularis.
    juncea.
    latifolia.

Dillwynia glaberrima.
    glycinifolia.
    juniperina.
    speciosa.

Diosma fragrans.
    rubra.
    speciosa.
    uniflora.

Dracophyllum capitatum.
    secundum.

Enkianthus longiflorus.
    quinqueflorus.

Epacris crassifolia.
    impressa.
    lævigata.
    nivalis.
    rosea, etc.

Erica abietina.
    discolor.

Erica rosea.
    rubro-calix, etc.

Fuchsia (toutes les espèces).

Hovea Celsii.
    lanceolata.
    plumosa.

Hovea purpurea, etc.

Lalage ornata.

Sollya salicifolia.

Tropæolum pentaphyllum.
    Etc., etc.

Les plantes délicates de l'Europe, celles de la Nouvelle-Hollande, une partie des végétaux du cap de Bonne-Espérance, quelques-unes de l'Amérique septentrionale, de l'Afrique et des Indes, eu égard à la position et aux conditions physiques où ces végétaux se trouvent dans leur patrie, peuvent se cultiver en serre froide et dans un jardin d'hiver.

CHAPITRE CINQUIÈME.

SERRE DITE JARDIN D'HIVER.

Deux serres froides chacune à deux versants, séparées seulement par un rang de piliers ou de colonnes élégantes et légères, à l'intérieur, peuvent couvrir un espace assez étendu pour permettre de dessiner sous leur abri les allées et les plates-bandes d'un jardin où ne se trouvent que des plantes de serre froide, toutes cultivées en pleine terre; c'est ce qu'on nomme Jardin d'hiver, genre de construction qui devient fort à la mode parmi les amis de l'horticulture, non sans motif, car il peut procurer beaucoup d'agrément avec très-peu de peine et de frais d'entretien. Un bassin placé au centre du jardin d'hiver permet d'y cultiver quelques plantes aquatiques; la culture des plantes herbacées de serre froide jointe à celle des arbustes, ne laisse jamais le jardin d'hiver dépourvu de fleurs, même pendant la saison la plus rigoureuse de l'année; quelques variétés de rosiers du Bengale plantés près des jours peuvent y donner des roses toute l'année sans interruption. Le jardin d'hiver admet en pleine terre, outre les plantes dont nous avons donné la liste pour la serre froide, celles qui suivent.

Liste des plantes que l'on peut cultiver dans un jardin d'hiver dont on enlève les panneaux pendant l'été.

Agave americana.

Azalea indica.

Banksia.

Barbacenia gracilis.

Beckea virgata.

Camellia.

Cunonia capensis.

Cycas revoluta.

Dracœna australis.

Bignonia jasminifolia.
    tweediana.

Crotallaria elegans.

Glycine (toutes les espèces de la Nouvelle-Hollande).

Hibertia dentata.

Erica (presque toutes les espèces).

Franciscæa hoppeana.

Grevillea robusta.

Littæa geminæflora.

Melaleuca hypericifolia.

Metrosideros lophanta.
    saligna.
    viridiflora.

Pimelea rosea.

Psidium cattleyanum.

Rhododendrum arboreum.

Toutes ces plantes ont besoin de supports : elles peuvent par conséquent servir à l'ornement des jardins d'hiver en garnissant les colonnes, les murailles, etc.

Kennedia (toutes les espèces de la Nouvelle-Hollande).

Manettia coccinea.

Passiflora edulis.
    hebertiana.

Plumbago capensis.

Rubus mollucanus.

Thunbergia coccinea.
    grandiflora.

Tropæolum pentaphyllum.

Même observation.

Dans les parties ombragées des jardins d'hiver, les fougères suivantes trouveront leur place :

Acrosticum alcicorne.

Pteris longifolia.

Asplenium flabellatum, et généralement toutes les fougères des climats tempérés.

Woodwardia radicans.

Paris a possédé deux jardins d'hiver, celui de M. Boursault, et celui de M. Noisette. Nous n'en répéterons pas ici les détails déjà publiés dans le *Traité de la composition et de l'ornement des jardins*, de M. Audot.

Il y a quelques années, M. Fion, qui pratiquait l'horticulture en amateur, en a fait construire un rue des Trois-Couronnes, n° 14, mais ayant vendu son établissement à M. Lemichez, il avait créé dans sa retraite à Versailles un autre jardin d'hiver dont nous donnons une idée dans les fig. 32, 33, 34.

A l'extrémité d'un jardin dont la forme est un parallélogramme, on a placé sur un plan paysager le jardin fig. 33 entre les murs *a*. En face de la porte est creusée une pièce d'eau entourée de rocailles et où l'eau, souvent renouvelée, arrive par une petite cascade sur les rocailles mêmes.

La charpente se compose de 22 poteaux ou colonnes, *b* (fig. 32), de 11 centimètres carrés, supportant les madriers *c* de 8 à 10 centimètres d'épaisseur et de 38 de largeur, régnant dans toute la largeur de la serre. Les chevrons *d* s'assemblent dans les angles de ces madriers, à 3 mèt. 30 les uns des autres et supportent les châssis vitrés *e* (fig. 34, détails). Des tringles *g* de 6 centim. s'assemblent par les bouts dans les chevrons et reçoivent le bas des châssis vitrés de manière à intercepter l'air et à rejeter les eaux pluviales sur le madrier. Les madriers sont creusés en gouttière dans leur milieu en *i*; ils sont en outre recouverts en zinc.

Les châssis sont enlevés et serrés, posés à plat les uns sur les autres, sous un hangar, pendant la belle saison. Ce service et celui des paillassons dont on les couvre pendant les gelées, se font en marchant sur les madriers. On y monte, soit par la partie postérieure du mur de la serre, si cette partie est accessible, soit par le devant, au moyen d'une échelle.

Les ornements, H fig. 32, 34, sont mobiles et peuvent être supprimés à volonté lors de l'enlèvement des châssis vitrés pour être remis sur les chevrons et orner encore la charpente qui reste à demeure.

Les chevrons ou arbalétriers s'assemblent sur le faîte en *k*, suivant l'usage ordinaire; les châssis se posent sur cet assemblage, retenus en dessous par des crochets mobiles et des pitons. On est dans l'usage de couvrir ce faîte *o* fig. 34, d'une sorte de petit toit formé de deux planches assemblées en équerre. Ici la partie supérieure des châssis est taillée de biais ou en sifflet, *l*, fig. 34, de manière que les deux bords se touchent juste et, l'expérience nous l'apprend, la pluie ne pénètre pas dans ce joint.

Il est évident que les madriers *c* sur lesquels l'eau de pluie s'écoule en *i* (détails) doivent avoir une pente, et que cette pente entraine un faux niveau dans toute la charpente; mais ceci est inappréciable quand on considère l'ensemble. Le constructeur saura combiner l'assemblage de sa charpente de manière à donner la pente nécessaire.

La figure 36 donne le plan du premier jardin d'hiver créé par M. Fion, à Paris. Ce jardin est aujourd'hui spécialement destiné à former une *école de camellia*; M. Lemichez n'y admet que les espèces et variétés du plus beau choix; chacun des camellia qui y prend place reçoit assez d'espace pour pouvoir se développer et produire tout son effet. La couverture de cette serre forme deux toits vitrés sur sa longueur, mais cette disposition est moins heureuse que celle de la fig. 35 qui en donne trois, et peut procurer ainsi un milieu plus large et un plus beau coup d'œil.

Celui de Versailles fig. 33, dont nous venons de donner la description, est, depuis le décès de M. Fion, remonté chez M. Lemichez, à Paris, près de celle qui existait déjà.

Le jardin fig. 36, est entièrement entouré de murs. L'entrée avait lieu par une grotte souterraine dont le sol est à plus d'un mètre au-dessous du niveau de la serre. Cette disposition est heureuse en ce qu'elle permet de donner du mouvement au terrain. Aujourd'hui cette grotte située dans la nouvelle serre conduit, par le moyen d'un chemin creux, dans le jardin primitivement établi. Les deux toits vitrés forment pignons aux extrémités du terrain, ainsi que l'indique la coupe fig. 36; tandis que le jardin d'hiver de M. Fion, à Versailles, a sept rangées de châssis présentant leurs pignons sur le flanc, comme le montre la fig. 32.

Autres dispositions générales pour Jardin d'hiver.

On pourrait établir un jardin d'hiver dont toute la charpente s'enlèverait pendant la belle saison, mais l'agrément qui en résulterait ne compenserait pas l'embarras et la dépense, car on n'en jouirait guère à l'état découvert que du 15 mai au 15 septembre.

La couleur à donner à la charpente est le blanc de céruse pur pour l'intérieur comme propre à réfléchir le plus possible de lumière; on pourrait tout au plus ajouter quelques filets verts comme ornements. Nous avons vu des intérieurs en couleur de pierre, teinte qui sans doute est en harmonie; mais il est certain qu'il y a perte de lumière. La peinture extérieure peut être choisie arbitrairement; elle devra s'harmonier avec les objets environnants. Un fond vert-clair relevé par des bandes et des filets en brun Van-Dyck est d'un effet harmonieux au milieu des arbres; le blanc ne convient que quand la serre fait suite à l'habitation, peinte elle-même d'un ton à peu près blanc. Le blanc à la chaux convient aux murs intérieurs recouverts de treillage en bois peint en vert. La peinture à l'huile à l'état frais est un poison pour les plantes placées auprès; mais lorsqu'elle est bien sèche elle n'est d'aucun effet et ne nuit nullement à la végétation.

On plantera au pied de ces murs des *camellia* et des orangers en espaliers. Des arbrisseaux grimpants peuvent s'enlacer autour des poteaux ou des colonnes soutenant la charpente; les chevrons supporteront leurs rameaux flexibles.

En général, les chemins auront de 65 à 80 centim. Ils seront bordés de tuiles sur champ, enterrées aux trois quarts et placées au bout les unes des autres. Ces tuiles seront cachées par une bordure de plantes vertes pour laquelle nous indiquerons de préférence l'*arenaria balearica*, d'un feuillage fin et d'un vert inaltérable, ainsi que le *thymus corsica*, le *lycopodium denticulatum*. On pourrait encore employer la *selaginella apus*, les *lobelia picta* et *ilicifolia*, la *primula sinensis*, le *dianthns pulcherrimus*, etc.

Les eaux du bassin, s'il y en a un, se perdront par leur fond où on aura placé un robinet à clef et un conduit pour rendre l'eau dans un souterrain ou puisard destiné en même temps à recevoir les eaux de pluie, qui y arriveront par les allées quand la serre sera découverte.

Les massifs seront remplis de terre de bruyère, préférable à toute autre pour les *camellia* et autres arbrisseaux convenables à cette sorte de serre. On peut se dispenser d'en composer le sol des allées, surtout si elles sont d'un terrain léger, cependant, si l'on peut s'en procurer facilement, les arbrisseaux y trouveront plus de nourriture.

Il suffira de donner de l'air par les châssis de la devanture attachés à des charnières *j*, fig. 32, et par quelques-uns des châssis de la couverture dans les parties opposées.

L'air sera donné dans les serres représentées fig. 35 et 36, par les châssis triangulaires formant les pignons.

Dans la fig. 35, M. Audot a tracé le plan d'un jardin de la même grandeur que celui de la fig. 33; mais la charpente est disposée différemment. On a supposé ici l'entrée par une des extrémités A du parallélogramme.

Trois toits vitrés ou rangées de châssis *a b* partagent la serre en trois parties dans le sens de sa longueur, et, ce qui rend le coup d'œil plus grandiose, celle du milieu *a* est plus large que celles des côtés *b b*, elle est aussi un peu plus haute. Une allée, assez large pour deux personnes, est ménagée au milieu; les arbrisseaux dont elle est bordée sont assez peu élevés pour laisser apercevoir dès l'entrée, si on le préfère, le fond de la serre garni de rocailles. Quelques arbrisseaux plus élevés ou des statues d'un mètre, au plus, de proportion, placés sur le second rang, servent de repoussoirs et font paraître l'extrémité plus éloignée; une pièce d'eau est au fond; un vase de forme rustique ou une petite statue sur un piédestal, orne et anime un des côtés B. Dans l'autre partie en C, on a placé un banc sur le bord de la pièce d'eau. De ce petit bosquet on peut jouir dans l'hiver même de la vue de l'eau où se jouent des poissons dorés, on entend le murmure d'une petite cascade et le chant des oiseaux placés dans des volières au milieu des arbrisseaux en fleurs.

La manière dont est chauffé le jardin d'hiver de M. Lemichez, rue des Trois-Couronnes, à Paris, donnera un exemple bon à suivre. — Dans l'angle *a*, fig. 36, est établi un poêle carré en briques au-dessous du sol, de manière que la fumée arrive à 25 centimètres sous le sol des allées. Pour faire écouler cette fumée et échauffer la serre, on a établi sous l'allée *b* un conduit de 25 centimètres de profondeur et de largeur, recouvert de fortes tuiles posées à plat; ce conduit se rend au point *c* où une cheminée verticale de 25 centimètres de section donne à la fumée le moyen de s'élever et de se perdre dans l'air. — Au point *d* on a construit un autre poêle semblable au premier. Sa fumée se dirige par un conduit *e* de 20 centimètres, et se rend en *e b* dans le conduit *b* où cette fumée se réunit à celle du poêle *a*, et s'écoule en même temps qu'elle par la cheminée principale *c*.

Pour faciliter le tirage on a pratiqué en *h* un foyer d'appel (voir *Foyer d'appel* dans le TRAITÉ DU CHAUFFAGE); on commence par allumer un feu léger de copeaux ou de très-menus éclats de bois dans ce petit foyer : on va allumer aussitôt le poêle *a*, préparé d'avance, puis quand celui-là est bien allumé, on met le feu au poêle *d*. Lorsqu'il y a long-temps que l'on a fait du feu, les conduits se trouvent alors enduits à l'intérieur d'humidité, il est bon alors d'allumer le foyer d'appel une demi-heure à l'avance. L'effet de tout cet appareil est très-bon et il est impossible d'en trouver un qui remplisse mieux le but désiré, lequel consiste à produire une chaleur modérée par un moyen économique. Cette serre a 20 mètres sur 9 de largeur, et 2 mètres 50 centimètres, terme moyen, de hauteur. Deux poêles de grandeur ordinaire pour employer du bois de 40 à 50 centimètres de longueur, suffisent pour la chauffer. Si cette serre était construite dans des proportions plus grandes, ou qu'au lieu d'être entourée de murs elle fût vitrée latéralement, il faudrait augmenter le nombre des poêles. Ainsi pour la serre où le vitrage remplacerait les murs, un troisième poêle serait nécessaire.

Il est mieux que les foyers des poêles soient situés à l'extérieur. Les tuiles couvrant les conduits à fumée sont soutenus sur leurs parois latérales au moyen de briques sur champ.

Une telle serre se classant dans la catégorie des serres froides, puisque l'on n'y plante ordinairement que des végétaux qui n'exigent pas d'autre précaution sous le rapport de la température que d'être garantis de la gelée, il suffira d'appareils fort simples pour la chauffer. Ce chauffage, en effet, n'a lieu qu'autant que le thermomètre arrive le soir à zéro, et il faut que le froid soit très-intense pour exiger du feu pendant que le soleil est sur l'horizon. — Un calorifère ainsi qu'un thermosiphon seraient trop compliqués et trop coûteux pour un usage si peu prolongé.

Lorsque parut la première édition de cet ouvrage nous n'avions à citer, comme exemples des bons jardins d'hiver existant à Paris et aux environs, que ceux dont nous avons essayé de donner une idée dans le cours de ce livre; nous avons aujourd'hui à signaler le jardin d'hiver de M. Mathieu, horticulteur, rue du Marché-aux-Chevaux, à Paris, fig. 97, 98, planche 23. Ce jardin a 28 mètres de long sur 9 de profondeur et près de 4 mètres de hauteur; le vitrage est supporté par seize colonnes en bois formées simplement de boulins qui servent à conduire les trains de bois sur la Seine. M. Mathieu a été étonné de la facilité avec laquelle il a pu, au moyen d'un chauffage ordinaire, empêcher la gelée de pénétrer dans ce vaste espace. Ce chauffage consiste simplement en poêles dont les tuyaux de tôle parcourent toute la devanture de cette serre exposée au nord-est; les vitres sont couvertes de paillassons à l'approche des gelées. Chaque panneau écoule les eaux dans un chenon, servant de chemin pour étendre les paillassons; elles sont reçues ensuite dans les gouttières qui les conduisent à l'intérieur dans une grande bâche en bois, dans laquelle on puise l'eau pour les arrosements d'hiver. Le mur du fond est garni, à distance, d'un grillage en fil de fer destiné à recevoir des *espaliers* de camellia. Au pied des colonnes sont plantées des glycines de la Nouvelle-Hollande et autres plantes grimpantes des climats tempérés, dont les rameaux s'enlacent et forment des colonnes végétales d'un effet charmant. Le bon goût qui règne dans la disposition de cette serre au niveau des améliorations de la science des jardins, mérite à M. Mathieu les félicitations de tous les amis de l'horticulture.

CHAPITRE SIXIÈME.

SERRE TEMPÉRÉE.

Cette serre se prête à beaucoup de destinations diverses ; elle peut avoir des formes et des dimensions très-variées ; c'est aussi celle que l'on construit le plus communément. Les exigences de la culture des plantes de serre tempérée n'excluent pas totalement les ornements extérieurs, de sorte qu'une serre tempérée peut être excellente pour la végétation et concourir en même temps jusqu'à un certain point à la décoration du jardin. La serre tempérée peut se construire à un ou deux versants ; mais, le plus ordinairement, elle n'en a qu'un. L'exposition n'est pas forcément méridionale ; elle peut varier du sud-est au sud sud-ouest, en passant par le sud plein, et avoir par conséquent l'une des expositions que les jardiniers nomment de 10 heures, de 11 heures, de midi, d'une heure et de 2 heures après midi. On construit beaucoup de serres tempérées en fer ; néanmoins nous croyons la construction en bois préférable.

Nous donnons, fig. 37 et 39, la vue intérieure en perspective de deux serres en fer du Jardin-du-Roi. La fig. 38 donne la coupe des deux serres curvilignes superposées avec leur disposition eu égard au pavillon : *a* ventilateurs ; *b* magasin voûté ; *c* serre curviligne du rez-de-chaussée ; *d* serre curviligne supérieure ; *e* égout ; *h* tuyaux de vapeur en fonte distribuant la chaleur ; *i* terrasse.

L'un des pavillons du Jardin-du-Roi est destiné à la serre tempérée ; ses croisées ou châssis ouvrants se manœuvrent à bascule sur un axe vertical et avec la fermeture dont nous donnons une idée fig. 40 ; trois grands châssis ouvrants, semblables à ceux-ci, sont ménagés dans le toit vitré, outre plusieurs autres petits châssis nécessaires pour bien régler la ventilation. L'autre pavillon, disposé en serre chaude, ne doit pas recevoir l'air extérieur en aussi grande quantité ni aussi fréquemment ; ses châssis s'ouvrent à tabatière au moyen d'une sorte de crémaillère ainsi que l'indique la fig. 41 ; il y a de même dans le faîtage de ce pavillon beaucoup de petits châssis ouvrants, destinés à laisser échapper la chaleur surabondante en été. Ces magnifiques pavillons et les serres curvilignes qui les accompagnent, mais dont la partie droite de ces dernières est encore en projet, sont des serres modèles. Chacun des pavillons a 20 mèt. de long et 12 de large sur une hauteur de 15 mèt. Chacune des serres curvilignes a 61 mèt. 80 c. de long et 4 mèt. de large sur une hauteur de 4 mèt. 90 c.

La serre chaude curviligne du rez-de-chaussée est divisée en 5 parties par des cloisons ; celle supérieure, tempérée, est divisée en 3 parties dont une sert pour les plantes délicates du Cap ; les deux autres reçoivent les plantes grasses. Les 2 grands pavillons et les serres courbes existantes contiennent ensemble un volume d'air de 9000 mètres cubes.

Il n'est pas nécessaire que le sol de la serre tempérée se trouve plus bas que le niveau du sol environnant. Comme l'intérieur de la serre doit être aussi sain que possible, il vaut mieux qu'il se trouve au-dessus qu'au-dessous du niveau du sol. L'inclinaison la plus convenable pour les serres tempérées, soit à un, soit à deux versants, est de 30 à 40 degrés. Cependant on peut leur en donner une de 50 à 55, lorsqu'on se propose d'y cultiver des végétaux de fort grande taille qui, dans une serre trop inclinée, seraient gênés par les vitrages et ne pourraient s'élever en liberté. Dans ce cas, au lieu de faire joindre directement le versant antérieur au mur du fond, on l'interrompt à la hauteur voulue, par un vitrage qui n'a lui-même que 15 ou 20 degrés d'inclinaison, comme le montre la fig. 7. Par ce moyen on évite, comme nous l'avons dit en traitant de l'inclinaison, la nécessité d'adosser ce genre de serre à des murs d'une trop grande élévation.

La température intérieure de la serre tempérée ne doit pas dépasser vingt-cinq degrés en été et ne doit pas descendre au-dessous de huit degrés en hiver. Lorsque le thermomètre à l'ombre, à l'air libre en dehors de la serre marque six degrés au-dessus de zéro à la fin de l'hiver, on peut impunément commencer à donner de l'air aux plantes de serre tempérée, afin de faire évaporer l'excès d'humidité que l'atmosphère de la serre peut contenir. Cette ventilation s'obtient en levant plus ou moins les panneaux ; ce qu'il serait imprudent de faire lorsque l'air extérieur est à une température plus basse que six degrés. Si la serre est à deux versants, il ne faut donner de l'air d'abord que par les châssis du versant méridional, on ne commence à soulever les châssis du versant opposé que lorsque la température extérieure est adoucie. Les plantes de serre tempérée se cultivent dans des pots remplis de terre de bruyère mélangée soit de sable, soit de terreau, selon les besoins de chaque genre de plantes. Ces divers mélanges sont tous, plus ou moins, sujets à se durcir et à devenir impénétrables à l'eau sans que le jardinier peu expérimenté puisse s'en apercevoir. Ces accidents ont lieu très-fréquemment dans la serre tempérée, et toujours par la négligence du jardinier, qui devrait savoir les prévenir, soit en évitant de tasser la terre des pots par des arrosages donnés sans précaution avec des arrosoirs à pommes, percés de trop grands trous, soit en omettant de biner de temps à autre le dessus de la terre des pots. Alors, chaque fois qu'on arrose, l'eau glisse entre la motte de terre durcie et les parois du pot, pour s'échapper par le trou du fond. La motte ne peut plus absorber l'eau des arrosages, et la plante meurt de soif, comme si elle n'était pas arrosée du tout. Dès qu'on s'en aperçoit, il faut sans tarder dépoter la plante qui souffre de la sécheresse, dégager ses racines de la terre durcie, et lui rendre de nouvelle terre. Ces rempotages doivent être faits d'urgence, quelle que soit la saison, et dans quelque état de végétation que puissent se trouver les plantes prises ainsi de la sécheresse.

Toutes les plantes de serre tempérée, presque sans exception, redoutent beaucoup l'effet desséchant des rayons solaires au moment de la reprise de leur végétation ; le soin d'étendre les toiles quand le soleil donne sur la serre pendant les premiers beaux jours, est à cette époque de l'année l'un des plus nécessaires à leur conservation et à leur bonne santé.

Les plantes de serre tempérée n'ont besoin que d'une

humidité modérée, il suffit de les arroser assez pour prévenir le dessèchement de la terre des pots, spécialement quand les plantes sont en végétation. Celles qui perdent tous les ans leurs feuilles ont besoin d'être arrosées encore plus sobrement que les plantes à feuilles persistantes ; il ne leur faut presque pas d'eau durant tout le temps où leur végétation est suspendue.

La liste suivante comprend les plantes les plus dignes de l'attention des horticulteurs, parmi celles qu'on peut cultiver dans la serre tempérée ; elles y réussissent à souhait avec des soins ordinaires de propreté et d'entretien, pourvu que ces soins leur soient donnés au moment opportun et avec intelligence, par un jardinier habitué à raisonner toutes les opérations de la culture.

Végétaux convenables à la Serre Tempérée.

Acacia (une partie du genre).

Adenandra speciosa.
    villosa, etc.

Adhatoda vasica.

Æschinanthus grandiflorus.
    Horsfieldii.
    maculatus.
    ramosissimus.
    Roxburghii.

Agapetes glabra.
    setigera.

Agatosma hispida.
    thunbergiana, etc.

Angelonia grandiflora.
    salicarioides.
    speciosa.

Aotus villosus.

Areca sapida.

Banksia australis.
    collina.
    ericifolia.
    littoralis.

Banksia occidentalis.
    pulchella.
    serrata.
    Solandri, etc.

Begonia discolor.
    manicata.
    palmata.
    peponefolia.
    semperflorens.

Bignonia tweediana, etc.

Billardiera scandens.

Brachysema latifolia.
    undulata, etc.

Brunia alopecuroides.
    nodiflora.
    squarrosa, etc.

Bursaria spinosa.

Burtonia conferta.

Callistachys lanceolata.
    linearifolia.
    ovata.

Canavalia rutilans.

Chamædorea elatior.
    elegans.
    lindeniana.

Chamædorea oblongata.
    schiedeana.

Chamærops histrix.
    humilis.
    griffithiana.

Chorizema cordata.
    Dicksonii.
    Henchmanni.
    varium, etc.

Cocos australis.

Columnea schiedeana, etc.

Cookia punctata.

Correa pulchella.
    ruffa.
    speciosa.
    virens, etc.

Crotalaria elegans.

Daviesia genistoides.
    ulicina.

Dillwynia ericifolia.
    floribunda.

Diosma ambigua.
    ericoides, etc.

Dodonæa viscosa.

Dombeya erythroxylon.

Dryandra Baxteri.
floribunda.
formosa.
mucronata.
nivea.
plumosa.

Eriostemon buxifolium.
myoporoides.

Eutaxia Baxterii.
myrtifolia.

Franciscea hopeana (mutabilis).

Freycinetia baveriana.

Galphymia Humboldtii.
mollis.

Gendarussa ventricosa.

Gerontogea deppeana.

Glycosmis citrifolia.

Gnidia juniperifolia.
pinifolia.
simplex.

Goldfussia anisophylla.
glomerata.

Gompholobium grandiflorum.
polymorphum, etc.

Grevillea asplenifolia.
bipinnatifida.
ferruginea.
longifolia.
robusta.
sulphurea.

Guevina abeliana.
avellana.

Hermannia multiflora.

Heteropterys glabra.

Hexacentris coccinea.

Hibbertia grossularioides.
volubilis.

Inga Harrisii.

Jacksonia scoparia.

Juanuloa aurantiaca.

Jubæa spectabilis.

Justicia hyssopifolia.

Lalage ornata, etc.

Lasiopetalum ferrugineum, etc.

Leucopogon amplexicaule.
verticillatum.

Liparia sphærica.

Livistonia australis.

Loddigesia oxalidifolia.

Lomatia dentata.
ilicifolia.
silaifolia.

Magnolia pumila.

Mahernia grandiflora.

Manettia bicolor.
cordifolia.
splendens.

Medinilla erythrophylla.

Mirbelia pungens.
reticulata.
speciosa.

Monnina crotalarioides.

Muraltia heisteria.
mixta.

Myoporum acuminatum.
tuberculatum.

Myrtus bullatus.
melastomæfolia.
tomentosa.

Nematanthus Guilleminii.

Nymphæa cærulea.
lotus.
odorata.

Oxylobium arborescens.
ellipticum.
obtusifolium.
retusum.

Passerina capitata.
grandiflora.
filiformis.
laxa.
linifolia.

Pelargonium (toutes les espèces).

Persoonia pruinosa.

Phœnix dactylifera.

Pittosporum revolutum.
undulatum.
viridiflorum.

Platylobium formosum.
triangulare, etc.

Podalyria argentea.

Podolobium humifusum.
    trilobatum.

Polygala cordifolia.
    myrtifolia.
    speciosa.

Pomaderis discolor.
    phylicifolia.

Protea argentea.
    cynarodes.
    formosa.
    grandiflora.
    latifolia.
    longifolia.
    mellifera.
    speciosa, etc.

Psoralea uniflora, etc.

Pultenæa daphnoides.
    ferruginea.

Rhapis flabelliformis.
    sierotsik.

Rhexia canescens.

Rondeletia grandiflora.
    speciosa.

Ruellia australis.

Sabal Adansoni.

Sabal mexicana.
    pumila.

Schinus terebenthifolius.

Siphocampylos betulæfolius.
    bicolor.
    Cavanillesii.
    spicatus.

Sollya heterophylla.

Strobilanthes sabiniana.

Tasmannia aromatica.

Tecoma australis.

Telopea speciosissima.

Thomasia purpurea.
    solanacea.

Tropæolum Jarrattii.
    pentaphyllum.
    tricolorum.

Trymalium candidum.
    globulosum.

Viminaria denudata.

Zieria lanceolata.
    pauciflora.
Etc., etc.

Parmi les plantes de serre tempérée dont la floraison récompense le mieux les travaux du jardinier, nous pouvons recommander spécialement la brillante famille des Protéacées. Il est probable que les soins assidus et minutieux que réclament les protéacées sont le motif principal pour lequel on les rencontre si rarement dans nos serres. Ce motif devrait, au contraire, plaider en leur faveur; car le véritable amateur d'horticulture est celui qui ne regarde sa peine que comme un délassement, et qui trouve d'autant plus de plaisir à admirer la floraison de ses plantes qu'il lui en a coûté plus de travaux pour l'obtenir. Les protéacées sont originaires des environs du cap de Bonne-Espérance; elles y vivent dans une terre formée d'un sable siliceux mêlé de végétaux décomposés, peu profond, mais conservant sa fraîcheur intérieure pendant la sécheresse. La terre de bruyère légèrement sablonneuse remplit parfaitement ces indications. Ces plantes craignent par-dessus tout les transitions trop brusques de l'humidité à la sécheresse et de la sécheresse à l'humidité. Les arrosages qu'on leur distribue doivent être ménagés d'après ce principe. Les protéacées dépérissent immédiatement dès que la terre dans laquelle elles vivent n'est plus suffisamment substantielle; cette terre doit donc être renouvelée immédiatement toutes les fois qu'on s'aperçoit qu'elle ne suffit plus à l'alimentation des plantes, et qu'elles commencent à languir. Nous avons cultivé long-temps les protéacées au Jardin-du-Roi sans beaucoup de succès; nous n'avons obtenu leur floraison dans toute sa magnificence que quand nous avons pu leur consacrer une véritable serre tempérée réunissant toutes les conditions de perfection qu'on peut exiger dans une semblable serre. Maintenant les protéacées fleurissent sans difficulté au Jardin-du-Roi; leur floraison commence vers novembre et se prolonge jusqu'en mars.

On peut cultiver dans la serre tempérée presque toute la famille des Cactées; à l'article où il est question de la serre destinée à la culture des plantes grasses, nous nous étendrons sur la culture et la multiplication de ces végétaux dont le nombre augmente tous les jours et jette de la confusion dans la nomenclature de cette famille curieuse et si digne d'intérêt, autant par la forme capricieuse que par les fleurs magnifiques que déploient la plus grande partie des espèces.

Beaucoup d'horticulteurs placent les glycines de la Nouvelle-Hollande et beaucoup d'autres plantes analogues dans la serre tempérée; nous pensons qu'elles n'y sont point à leur place. L'observation démontre, en effet, que ces plantes, sous l'empire de la température à la fois trop élevée et trop sèche qu'exigent les autres végétaux de serre tempérée, ne sauraient végéter convenablement. Elles y sont surtout en proie aux attaques des insectes, dont il est très-difficile de les débarrasser.

Les serres tempérées à un ou deux versants peuvent affecter telle forme que l'on voudra leur donner; toutefois on aura égard à l'exposition, ainsi qu'elle est indiquée page 4.

CHAPITRE SEPTIÈME.

SERRE CHAUDE.

Les serres chaudes diffèrent essentiellement les unes des autres, moins par la température que par le degré d'humidité convenable pour les plantes qu'on y cultive. C'est surtout lorsqu'on s'occupe de la culture des plantes de serre chaude qu'on a lieu de reconnaître toute la justesse de l'observation du professeur anglais, M. Lindley, dans sa Théorie de l'horticulture. « Il faudrait, dit-il, pour bien cultiver les plantes exotiques, consacrer pour ainsi dire une serre séparée à chacune des grandes divisions de ces plantes. » Mais si M. Lindley déplore l'absence de cet avantage chez la plupart des horticulteurs anglais, qui, tous ou presque tous, disposent de ressources pécuniaires hors de toute proportion avec celles des horticulteurs français, comment pourrions-nous donner à ces derniers le conseil d'élever un aussi grand nombre de serres différentes? Il faudrait d'abord leur conseiller d'avoir de ces fortunes colossales qui deviennent de plus en plus rares en France. Ainsi, tout en reconnaissant les nombreux avantages que présenterait la culture séparée des plantes de serre chaude par familles à chacune desquelles on consacrerait une serre distincte, nous sommes forcé d'avouer qu'un semblable genre de culture, à peine praticable dans les grands établissements entretenus aux frais de l'État, est tout à fait hors de la portée des particuliers; il sort de l'ordre des choses possibles dans l'état actuel de notre horticulture. Nous devons donc nous borner à décrire les deux principales divisions des serres chaudes : la serre chaude sèche et la serre chaude humide.

§ Ier. — Serre chaude sèche.

L'exposition d'onze heures nous semble la plus convenable pour la serre chaude sèche; lorsque ce genre de serre est exposé en plein midi, il arrive assez souvent que, si l'on néglige d'étendre les toiles ou les paillassons au moment le plus chaud de la journée, les rayons du soleil tombant perpendiculairement sur les plantes de serre, flétrissent leur feuillage, et ne tardent pas à les griller pour peu que leur action se prolonge. A la vérité cet inconvénient n'a pas l'importance qu'on pourrait d'abord lui supposer, parce que avec un peu d'attention à ombrer les serres à propos le jardinier n'a rien à craindre des effets du soleil le plus ardent. Les murs de la serre ne peuvent avoir moins de 50 centimètres d'épaisseur. Les briques vernissées seraient préférables pour ce genre de construction à tous les autres matériaux en raison de leurs propriétés conductrices presque nulles à l'égard de la chaleur; mais elles ont le défaut de prendre difficilement le mortier, de sorte qu'elles ne forment jamais une maçonnerie bien solide. Des briques non vernissées de bonne qualité sont ce qu'on peut employer de meilleur pour cet usage. Le ciment doit être choisi de nature à exclure l'humidité le plus exactement possible, et à laisser perdre le moins de chaleur intérieure de la serre. Les bâches construites en dalles minces peuvent être remplies de terre végétale appropriée à la nature des plantes que l'on se propose d'y cultiver en pleine terre.

Il vaut mieux, ainsi que nous l'avons dit, que toute la chaleur dont les plantes ont besoin soit produite artificiellement par un appareil quelconque de chauffage que si elle était le produit de diverses matières en fermentation contenues dans les bâches. La ventilation de la serre chaude sèche peut être combinée comme nous l'indiquons fig. 42, page 61, pour la serre chaude humide.

Les tablettes placées sur le devant de la serre ne doivent pas dépasser la largeur de 40 à 50 centimètres. Elles peuvent être à volonté, soit en planches de chêne, soit en dalles minces. Les plantes qui se plaisent le plus dans cette partie de la serre chaude sèche, et qu'on place ordinairement sur ces tablettes, sont :

Les *Amaryllis Reginæ* et *fulgida*;
Les *Angelonia minor* et *salicarioides*;   qui fleurissent
Le *Columnea scandens*;   l'hiver.
Les *Gesneria*;
Les *Heliotropium Peruvianum* et *grandiflorum*;
L'*Hibiscus fulgens*;
Les *Lantana*;
Plusieurs *Lobelia*;
Le *Mentzelia hispida*;
Les *Ruellia formosa* et *varians*;
Les *Sinningia*.

On pourrait joindre à cette liste toutes les plantes de serre chaude sèche qui n'ont pas besoin de recevoir de l'intérieur de la bâche un surcroit de chaleur. Lorsqu'on ne cultive dans la serre chaude sèche que des plantes en pots, les bâches deviennent complétement inutiles; on peut les remplacer par des gradins, sur lesquels les pots sont déposés plus ou moins près des jours et des conduits de chaleur, conformément au besoin de chaque espèce de plantes. Les plantes, disposées sur les tablettes le long des vitrages de la serre, ne doivent jamais éprouver une température plus basse que 8 degrés au-dessus de 0, même pendant les plus fortes gelées; à un mètre de ces tablettes, vers la bâche, le thermomètre doit marquer 14 à 15 degrés; le maximum de la température, en été, ne doit pas dépasser 35 degrés. En dépit de toutes les précautions possibles, il pourra cependant arriver quelquefois que la température de cette partie de la serre, par l'influence d'un froid extérieur très-rigoureux, descende jusqu'à 6 ou 7 degrés au-dessus de 0; les plantes n'auront pas beaucoup à en souffrir, si la surveillance attentive du jardinier remarque cet abaissement de température et s'empresse d'y porter remède; car, s'il se prolongeait, il ne pourrait manquer de leur être funeste; mais les accidents de ce genre n'ont jamais lieu dans une serre bien tenue.

La liste suivante comprend les plantes qui réussissent le mieux en pleine terre dans la bâche de la serre chaude sèche, lorsqu'on s'abstient de la remplir de matières fermentescibles, et qu'on la garnit seulement de bonne terre.

Végétaux convenables à la Serre Chaude sèche.

Abroma fastuosa.

Acacia cornigera.
    grandiflora, etc.

Achras sapota.

Adansonia digitata.

Allamanda verticillata.

Andropogon squarrosus.

Anona glabra.
    squamosa.

Ardisia crenata.
    crenulata.
    solanacea, etc.

Areca catechu.
    rubra, etc.

Arenga saccharifera.

Aristolochia grandiflora.
    labiosa.
    ringens.
    trilobata.
    gigas.

Asclepias curassavica, etc.

Astrapæa Wallichii.

Astrocarium Ayrii.
    murumuru.

Attalea compta.

Bambusa arundinacea.
    Thouarsii.

Barbacenia purpurea.

Barleria prionitis.

Barringtonia acutangula.
    racemosa.
    speciosa.

Basella rubra.

Bauhinia aculeata.
    anatomica.
    forficata.
    racemosa.

Begonia coccinea.
    discolor.
    Dregii.
    Fischerii.
    heraclæifolia.
    hydrocotylæfolia.
    incarnata.

Begonia fagifolia.
    octopetala.
    platanifolia.
    peltata.
    punctata.
    undulata.
    semperflorens.

Bomplandia geminiflora.

Brexia spinosa.

Brunsfelsia americana.
    gracilis.
    grandiflora.
    violacea.

Bugainvillea spectabilis.

Calamus viminalis.

Capparis frondosa.
    glandulosa.
    saligna.
    viridiflora.

Cecropia palmata.
    peltata.

Gerbera fruticosa.
    manghas.
    Thevetia.

Cestrum diurnum.
    macrophyllum.

Chiococca racemosa.

Chloranthus inconspicuus.

Chorizia speciosa.

Chrysophyllum cainito, etc.

Clerodendrum speciosissimum.
    splendens.
    squamatum.

Cocos flexuosa.
    mikaniana.
    nucifera.

Coffea arabica.
    mauritiana.

Copaifera officinale.

Curculigo sumatrana.

Cycas circinalis.

Diospyros ebenus.

Diplothemium maritimum.

Dombeya acutangula.
    Ameliæ.

Dracæna brasiliensis.
    emarginata.
    ferrea.

Dracæna reflexa.
    terminalis, etc.

Duranta ellisia.
    microphylla.

Elæodendrum orientale.

Embryopterys glutinifera.

Eranthemum strictum, etc.

Eugenia brasiliensis.
    pseudo-caryophyllus.
    pseudo-malaccensis.
    uniflora, etc.

Eupatorium ayapana.

Ficus cerasiformis.
    cestrifolia.
    citrifolia.
    macrophylla.
    nymphæifolia.
    stipulata.

Franciscæa latifolia.
    uniflora.

Gastonia acuminata.

Gaylussacia pseudo-vaccinium.

Gelonium bifarium.

Ginoria americana.

Goldfussia glomerata.

Gossipium arboreum.

Griffinia hyacinthina.

Guaiacum officinale.

Harina caryotoides.

Hedychium angustifolium.
    coronarium.
    flavescens.
    gardnerianum.

Hernandia sonora.

Heteropterys chrysophylla.
    nitida.
    sericea.

Hibiscus Cameroni.
    macrophyllus.
    multifidus.
    rosa sinensis.
    liliflorus, etc.

Hiræa houlletiana.
    simsiana.

Hymenæa courbaril.

Inga unguis-cati.

Jacaranda mimosæfolia.
    pubescens.

Jacquinia armillaris.
    aurantiaca.

Jasminum angustifolium.
    multiflorum, etc.

Jatropha acuminata.
    multifida.
    purpurascens.

Justicia bicolor.
    carnæa.
    coccinæa.
    cristata.
    nodosa.
    pulcherrima.
    venusta.
    velutina.

Lafœnsia aromatica.

Lantana camara.
    nivea.
    speciosa.

Laplacea semi-serrata.

Malpighia fucata.
    glabra.
    urens, etc.

Mammea americana.

Mangifera indica.

Mantizia saltatoria.

Marica cærulea.
    northiana.

Mimosa pudica.
    scandens.

Musa discolor.
    sapientum.
    sinensis.
    troglodytianum, etc.

Nepenthes distillatoria.

Passiflora alata.
    kermesina.
    ligularis.
    Wallichii.
    murucuja.
    palmata.
    quadrangularis.
    racemosa.
    rubra.
    serratifolia.

Petræa racemosa.

Plumeria acuminata, etc.

Stephanotis floribunda.
    Thouarsii.

Stigmaphyllon aristatum.
    ciliatum.

Etc., etc.

On pourrait ajouter à cette liste les espèces d'*Acacia* de l'Inde et des Antilles, ordinairement cultivées dans des pots, et la plupart des espèces du beau genre *Strelitzia*, auxquelles on peut joindre toutes les *Bignoniacées* en arbre, les *Thrinax* et les *Latania*. Les *Strelitzia* aiment particulièrement à avoir beaucoup d'humidité au pied, tandis que leurs tiges doivent vivre dans une atmosphère très-sèche. Des expériences fréquemment répétées nous ont donné lieu de vérifier, dans ces derniers temps, que presque toutes les espèces du genre *Strelitzia* peuvent être cultivées avec succès à une température moyenne de beaucoup inférieure à celle de la serre chaude sèche. Ces plantes peuvent être considérées comme désormais acquises à la serre tempérée. Toutes les *Jasminées* peuvent encore être ajoutées à la liste des plantes de serre chaude sèche, ainsi que les *Capparidées*. Parmi ces dernières, celles de nos colonies ne peuvent supporter, sans dépérir, une température inférieure à 15 degrés. Tant que dure la belle saison, les plantes de serre chaude sèche veulent être fréquemment et largement arrosées. Un arrosage, le soir et le matin, ne peut suffire à ces plantes, surtout à l'époque des grandes chaleurs; il faut les visiter plusieurs fois par jour, et leur donner de l'eau autant de fois qu'elles paraîtront en avoir besoin. Ces plantes veulent aussi être fréquemment seringuées et préservées au moyen des toiles de l'influence directe des rayons solaires.

La sortie des plantes de serre chaude sèche dépendra des influences de l'atmosphère, car il ne faut, à ces végétaux, ni une trop grande abondance de pluie, ni la moindre impression de froid, de même aussi un passage trop subit à l'exposition des rayons solaires leur serait funeste; ce n'est que graduellement qu'on les y habitue.

Quelques-uns des genres de plantes admis dans la serre chaude sèche exigent des soins particuliers. Il en est plusieurs, parmi lesquels nous devons signaler spécialement les *Gloxinia* et les *Gesneria*, genres aujourd'hui très-nombreux en espèces et justement recherchés, qui veulent être placés l'hiver dans la serre chaude sèche et l'été dans la serre chaude humide; ces plantes craignent le soleil, il leur faut, dans la serre, une position ombragée. Les tiges de ces plantes meurent tous les ans; elles commencent à se flétrir vers le mois d'octobre, ou au plus tard en novembre. On doit, à cette époque, les arroser de moins en moins, pour finir par ne leur donner qu'un peu d'eau tous les quinze jours, sans cependant attendre que leur terre se dessèche complétement. Lorsque, par une négligence blâmable de la part du jardinier, ces plantes souffrent trop long-temps de la soif, elles meurent; on perd aussi très-souvent, pour la même cause, des plantes appartenant au genre *Martinia*.

Les *Gloxinia* et les *Gesneria* doivent être rempotés avant la reprise de leur végétation, dans un mélange de terre de bruyère et de terreau de feuilles, l'une et l'autre par parties égales. On les arrose largement et très-souvent, du moment où elles commencent à donner des tiges qui s'annoncent comme devant être florifères.

Ces particularités de culture s'appliquent également à plusieurs genres, parmi lesquels nous indiquerons les *Caladium*, les *Arum*, plusieurs *Begonia* dont la base est formée d'un tronc charnu, le *Mantizia saltatoria*, les *Methonica superba* et *simplex*, etc.

Les *Methonica*, les *Mantizia*, de même que les *Kempferia* (Zédoaire), les *Zinziber* (Gingembre), et quelques *Maranta*, ont une période de repos plus prolongée que les autres plantes de la série précédente; elles reçoivent exactement le même mode de culture, sauf à l'égard des arrosements; on ne recommence à les arroser que beaucoup plus tard que les autres, parce que ces plantes perdent leurs feuilles dans le courant des mois de novembre et décembre, et ne recommencent à pousser qu'au mois de mars. Cette circonstance, de leur manière de végéter, influe aussi sur l'époque des rempotages.

Quelques plantes peuvent végéter et prospérer dans la serre chaude sèche, dans des conditions tout à fait exceptionnelles. Nous avons vu en Angleterre, il y a quelques années, de très-beaux pieds de *Nepenthes distillatoria* en pleine fleur, dans l'état le plus parfait de végétation; ils étaient placés sur un conduit de poêle très-chaud, garni de pierres meulières, sur lequel on avait placé de la mousse et un peu de terre. Nous pouvons assurer que, dans cette situation, le pied de ces Népenthés supportait une température de 40 degrés au moins; nous connaissons peu de végétaux capables de résister à une chaleur artificielle aussi élevée et aussi sèche.

L'un des grands pavillons du Jardin-du-Roi, et la serre curviligne inférieure, dont nous avons parlé page 50, sont des serres chaudes sèches, fig. 37, 38, 39.

§ II. — Serre Chaude humide.

Une terrasse, à l'exposition du midi, convient plus que

toute autre situation pour recevoir une serre chaude humide qu'on y adosse en appentis, à un seul versant. L'inclinaison de la serre chaude humide peut être de plus de 50 degrés; dans ce cas, son toit, vitré comme la devanture, forme avec celui-ci un angle de 15 ou 20 degrés seulement. La fig. 42 indique cette disposition.

Adossée à un mur de terrasse, elle en reçoit une humidité favorable. *a* tablette propre à recevoir les pots; on pourrait remplacer cette tablette par une pleine terre; *b* quatre tablettes étagées; *c c* tablettes suspendues près des jours; *d* ouvertures à trappes, ménagées de distance en distance, sur la galerie, pour la ventilation combinée avec les châssis vitrés *e* s'ouvrant également sur la partie antérieure de la serre; *f* terrasse; *g* balustrade de la galerie. Cette serre est établie au Jardin-du-Roi.

Cette disposition est indispensable quand la serre chaude humide doit recevoir de grands végétaux en pleine terre, afin de leur laisser un espace suffisant pour se développer en liberté; si on ne veut y cultiver que des plantes de dimensions moyennes, elle peut n'avoir qu'une inclinaison de 20 à 25 degrés (voir Inclinaison, page 10), comme le montre la fig. 43.

Cette serre ne peut recevoir que des plantes de dimensions moyennes; les palmiers, les bananiers et autres grands arbres de serre chaude humide en sont exclus. La largeur de la serre représentée fig. 43 est de 5 mètres et sa hauteur de 4 mètres; elle a au milieu une plate-forme *a* avec des montants destinés aux plantes grimpantes et deux allées *b b* à droite et à gauche de 80 centimètres de large. Les conduits de chaleur *c, d c f*, sont placés sur le devant et le long du mur du fond. Au-dessus de ces derniers sont disposées des tablettes pour de petites plantes en pots.

La situation de la serre chaude humide, adossée contre un mur en terrasse, offre plusieurs avantages importants; elle est mieux assurée que dans toute autre position contre les vents du nord; elle reçoit, en outre, par l'influence de la masse de terre que soutient son mur de fond, un degré d'humidité fort utile à la végétation des plantes qui doivent y vivre. Si, malgré cela, un degré plus grand d'humidité semblait désirable, on abaisserait le sol de la serre de 50 centimètres à un mètre au-dessous du sol environnant; ainsi la fig. 42 enterrée dans le sol remplirait cette condition.

Le bois qu'on emploie à la construction de la serre chaude humide, en proie aux effets destructeurs de la chaleur et de l'humidité, s'y détruit en peu de temps. Nous avons indiqué les principaux inconvénients que présente l'emploi du fer substitué au bois dans la construction des serres (voir page 5). Nous pensons qu'on peut associer avec avantage ces deux matériaux dans la construction de la serre chaude humide; la charpente en fer réunit à une plus grande durée un volume très-réduit comparativement au bois; elle dérobe peu d'espace au passage de la lumière; les châssis en bois, ajustés à une charpente en fer, assurent la conservation des vitrages, qui, lorsqu'ils sont enchâssés dans du fer, éclatent à chaque instant, par l'effet de la dilatation du métal. Il faut aux châssis de la serre chaude humide une façon très-soignée pour obtenir la clôture hermétique, indispensable à la santé des plantes; ils doivent être assez solides pour ne pas jouer sous l'influence des changements de température, et cependant assez légers pour ne pas intercepter trop de jour; il faut, pour cette raison, qu'ils soient faits de cœur de chêne parfaitement sain, de première qualité. Ils devront être dans la suite l'objet des soins assidus du jardinier qui les fera repeindre aussi souvent qu'il le jugera nécessaire à leur parfait entretien; car il est important qu'il ne puisse s'y former des disjonctions par lesquelles l'air froid extérieur pourrait s'introduire dans la serre.

Les bâches de la serre chaude humide se construisent toujours en dalles minces, comme celles de la serre chaude sèche, il vaut mieux, comme nous l'avons dit, que l'intérieur de ces bâches soit échauffé par un appareil de chauffage artificiel que d'emprunter une partie de sa chaleur à des matières fermentescibles.

Les tablettes, soit en pierres plates, soit en fer, sont surtout utiles pour pouvoir placer près des jours sur le devant de la serre, les plantes de petites dimensions, qui seraient étouffées et manqueraient de lumière si elles étaient placées sous les grands végétaux.

La température de la serre chaude humide ne doit pas descendre au-dessous de 10 degrés, ni s'élever au delà de 30 degrés. La serre chaude humide pourrait admettre pendant l'été, sous le climat de Paris, beaucoup de plantes de serre chaude sèche, qui pourraient fort bien y végéter dans cette saison; mais en hiver elles y trouveraient trop d'humidité. Cependant, lorsqu'on ne disposera que d'une serre chaude humide, ces végétaux pourront encore y vivre passablement, pourvu qu'on leur réserve, en hiver, les parties les plus saines de la serre, qui n'est jamais partout également humide. Les plantes de serre chaude sèche qui peuvent, moyennant cette précaution, passer l'hiver dans la serre chaude humide, sont comprises dans la liste suivante :

Astrapæa, plusieurs espèces.

Combretum, plusieurs espèces.

Barringtonia speciosa et acutangula.

Couroupita guyanensis.

Napoleonia imperialis.

Cecropia peltata.

Psidium, plusieurs espèces.

Carolinea princeps.

Pterospermum acerifolium.

Coffea arabica (caféier).

suberifolium.

La serre chaude sèche peut toujours très-facilement être convertie en serre chaude humide; il suffit pour cela de donner beaucoup d'ombre en été, et de répandre dans les passages intérieurs ménagés pour le service de la serre, assez d'eau de temps à autre pour que l'atmosphère ne puisse s'y dessécher; on s'abstient en même temps de donner de l'air pour prévenir l'évaporation. Avec ces changements, faciles à réaliser, la serre chaude sèche deviendra susceptible d'admettre tous les végétaux exotiques auxquels il faut une température élevée jointe à beaucoup d'humidité; ils y végéteront parfaitement.

Il n'est pas possible, au contraire, de rendre sèche une serre chaude humide; les causes de l'humidité de son atmosphère, une fois qu'elles existent, ne peuvent plus être annulées; on pourrait, à la vérité, rehausser le sol, et le mettre au niveau du sol environnant; mais on ne peut empêcher qu'un mur en terrasse ne soit toujours trop humide pour une serre chaude sèche; cette humidité est même quelquefois tellement surabondante, que dès le mois de septembre on est obligé de faire du feu rien que pour en faire évaporer l'excès qui pourrait nuire aux végétaux. Aussi l'exposition en plein midi d'une serre dans ces conditions n'offre aucun inconvénient, et l'on n'a jamais à redouter que son atmosphère se dessèche trop sous l'influence de la chaleur du soleil. Souvent nous avons remarqué, le matin, sur les feuilles des végétaux contenus dans la serre chaude humide, de brillantes petites perles de rosée, semblables à celles qui rafraîchissent les plantes placées en pleine terre à l'air libre; c'est la vapeur humide de l'atmosphère de la serre qui, pendant la nuit, se condense en rosée salutaire sur le feuillage de ces végétaux.

Végétaux convenables aux Serres Chaudes humides.

AROIDÉES.

Acontias helleborifolium (*caladium*).
Anthurium acaulis (*pothos*).
  cartilagineum (*idem*).
  crassifolium (*idem*).
  crassinervium (*idem*).
  digitatum (*idem*).
  glaucum (*idem*).
  Harrisii (*idem*).
  lancifolium (*idem*).
  longifolium (*idem*).
  macrophyllum (*idem*).
Anthurium maxima (*pothos*).
  rubrinervium (*idem*).
  sagittatum (*idem*).
  trifoliatum. (*idem*).
  variabile (*idem*).
Arum cordifolium.
Caladium argyrostigma (*arum colocastoides*).
  bicolor.
  brasiliensis.
  curacus.
  pœcile.
  pinnatifidum.
Candarum Roxburghii (*arum campanulatum.*)
Colocasia antiquorum (*arum colocasia*).
  cucullata (*arum*).
  esculenta (*idem*).
  odora (*caladium*).
Dieffenbachia seguinum (*arum*).
  maculata.
Gonotanthus sarmentosus.
Philodendron crinipes.
  grandiflorum.
  lacerum (*caladium*).
  tripartitum (*arum*).
Pothos scandens.
  violacea.
Pythonium bulbiferum (*arum*).
Sauromatum pedatum (*arum clavatum*).
Singonium auritum (*caladium*).
Typhodium trilobatum (*arum*).
Xanthosma sagittifolia (*idem*).
  violacea.

BROMELIACÉES.

Æchmea discolor
  fulgens.
  micrantha.
Billbergia fasciata.
  iridifolia.
  melanantha.
  pyramidalis.
  quesneliana.
  zebrina, etc.
Bromelia acanga.
  ananas.
  karatas.
  pinguin.
Guzmannia tricolor.
Hohenbergia strobilacea.
Pitcairnia albiflos.
  angustifolia.
  latifolia.
  leiolema.
  ramosa.
  staminea.
  suaveolens.
Tillandsia acaulis.
  aloefolia.
  amœna.
  bulbosa.
  discolor.

Tillandsia nigra.
    stricta, etc.

FOUGÈRES.

Acrostichum aureum.
    crinitum.

Adianthum assimile.
    fructicosum.
    moritzianum.
    pubescens.
    tenerum.
    trapeziforme, etc.

Aneimia colina.
    laciniata, etc.

Aspidium coriaceum.
    exaltatum.
    molle.
    serra, etc.

Asplenium ebenum.
    flabellifolium.
    furcatum.
    nidus-avis.
    serra.
    serratum.
    striatum, etc.

Blechnum brasiliense.
    hastatum.
    lanceola.
    occidentale.

Cænopterys dissecta.
    fænicula.
    vivipara.

Ceratopterys cornuta.
    Richardii.

Cheilanthes lyndigera.
    micronema.
    microphylla.
    prolifera.

Cyathea.

Dicksonia adiantoides.
    pubescens.

Doodia aspera.
    rupestris.

Didymoclæna sinuosa.

Gymnogramma calomelanos.
    chrysophylla.
    dealbata.
    hybrida.
    villosa.

Hemionitis palmata.

Lonchitis pubescens.

Lygodium hastatum.
    polymorphum.
    sinense.

Marattia fraxinifolia.

Nothochlæna lanuginosa.
    sinuata.

Nyphobolus sinensis.

Ophioglossum lusitanicum.
    pedunculatum.

Polypodium areolatum.
    aureum.
    irioides.
    latharium.
    phyllitidis.
    phymatodes.

Pterys arguta.
    atropurpurea.
    longifolia.
    peruviana.
    tremula.

Tricopterys excelsa.

VÉGÉTAUX DE DIVERSES FAMILLES.

Achimenes grandiflora.
    picta.
    longiflora.
    pedunculata.
    rosea, etc.

Acrocomia sclerocarpa.

Agatophyllum aromaticum.

Alsodeia Roxburghii.

Anacardium occidentale.

Anona palustris.
    sylvestris.

Ardisia paniculata.

Areca crinita.

Argyreia choisyana.
    speciosa.

Artocarpus incisa.
    integrifolia.

Arthrostemma parietaria.

Bactris acanthonæmia.
    caryotæfolia.
    minor
    setosa.

Bertholetia insignis.

Besleria coccinea.
    mellitifolia.

Bignonia lactiflora.
    paniculata.
    pseudo-unguis
    venusta.

Blackea trinervia.

Bragantia tomentosa.

Brexia madagascariensis.

Brownea grandiceps.

Byrsonima spicata.

Cæsalpinia echinata.

Carapa guyanensis.

Carolinea princeps.

Carpotroche brasiliensis.

Caryophyllus aromaticus.

Casearia ramiflora.

Cedrela odorata.

Chrysophyllum macrophyllum.

Clavija lancæfolia.
    latifolia.

Clerodendrum splendens.
    viscosum.

Clitoria ternata.

Clusia rosea.

Coccoloba pubescens, etc.

Combretum purpureum.
    macrophyllum.

Cookia anizata.

Copaifera officinalis.

Couroupita guyanensis.

Coutarea speciosa.

Cupania glabra.

Cutarella americana.

Curcuma aromatica.
    roscœana, etc.

Cyanotis axillaris.

Cynometra cauliflora.

Detarium senegalense.

Dichorizandra thyrsiflora.

Dillenia speciosa.

Diospyros mabolo.

Dorstenia cerathosanthos.
    fruticosa, etc.

Echites melaleuca.
    torrulosa.

Erythrochiton brasiliense.

Eugenia malaccensis.

Exostemma caribæa.
    northumberlandiana.

Gardenia genipa.
    tubiflora, etc.

Genipa americana.

Geoffroya inermis.

Geonoma pinnatifrons.
    stricta.

Gesneria caracassana.
    Cooperi.
    elongata.
    gerardiana.
    labiosa.
    latifolia.
    pulcherrima.
    spicata.
    zebrina.

Gilibertia palmata.
    simplex.

Gloriosa superba.
    simplex.

Glossarrhen floribundum.

Gloxinia bicolor.
    candida.
    caulescens.
    maxima.
    presley.
    rubra.
    Schottii.
    speciosa.

Guettarda coccinea.
    scabra.

Gustavia augusta.

Gynerium saccaroides.

Hyophorbe amara.
    commersoniana.

Imbricaria maxima.

Ipomæa horsfalliæ.

Ixora coccinea.
    cuneifolia.
    grandiflora.
    longifolia.

Jonesia asoca.
    pinnata.

Latania Commersonii.
    rubra.

Laurus cinnamomum.	Ormosia dasycarpa.	Ravenala madagascariensis.	Sinningia villosa.
Lecythis ollaria.	Pandanus bromeliæfolius.	Remija hilairiana.	Sipanea carnea.
	inermis.		
Lemonia spectabilis.	proliferus, etc.	Saccharum officinale.	Spathodea speciosa.
Manicaria saccifera.	Pavetta indica.	Samyda serrulata.	Sterculia fœtida.
Maranta zebrina, etc.	Plumbago rosea.	Santalum album.	Stifftia insignis.
Melastoma cymosa.	Poinciana pulcherrima.	Schnella macrostachya.	Theobroma cacao.
malabatrica, etc.	regia.	microstachya.	
			Urania amazonica.
Michelia oblonga.	Pontederia azurea.	Securidaca volubilis.	
			Xanthochymus ovalifolius.
Myristica officinarum.	Quassia amara.	Sinningia guttata.	tinctorius.
sebifera.		helleri.	
	Quisqualis indica.	hybrida.	Zalacca azamica.
Ophioxylon serpentinum.		Lindleyii.	

CHAPITRE HUITIÈME.

SERRES POUR DIVERS USAGES.

Les divers genres de serres que nous venons de passer en revue peuvent suffire à la culture de tous les végétaux exotiques; il suffirait pour cela de les graduer, pour ainsi dire, en les divisant en autant de compartiments qu'on y désire obtenir de températures diverses, ainsi que cela existe dans les serres courbes du Jardin-du-Roi dont nous avons parlé. Mais beaucoup d'horticulteurs cultivent exclusivement un ou deux genres de plantes qui exigent des conditions particulières dans la serre qui leur est consacrée; le goût généralement répandu pour les plantes exotiques de collection, nous engage à entrer dans quelques détails sur les serres dans lesquelles on ne cultive que des orchidées, des cactées, des plantes bulbeuses, des pélargonium, etc. La serre aux cactées admet toutes les plantes grasses; la serre aux pélargonium convient également aux genres verveine, cinéraire et calcéolaire.

§ᵉʳ I. — **Serre aux Orchidées.**

La serre aux Orchidées peut être construite à l'exposition du midi, quoique les orchidées croissant naturellement sur le tronc des grands arbres, à l'ombre des forêts les plus impénétrables des pays chauds et humides, craignent plus que tous les autres végétaux l'influence directe des rayons solaires. A toute autre exposition, on perdrait trop sous le rapport de la température; et quant à la lumière trop vive, il est toujours facile d'en éviter les inconvénients. A cet effet, les vitres de la serre aux orchidées sont barbouillées depuis le printemps jusqu'à l'automne avec du blanc d'Espagne, ainsi que nous l'avons dit page 15, ce qui donne aux plantes une ombre suffisante. Quelle que soit la forme qu'on adopte pour les serres où l'on se propose de cultiver les orchidées, on ne doit pas les faire reposer sur une voûte; l'intérieur ne doit être revêtu d'aucune espèce de pavé ni de plancher, afin que les émanations du sol se répandent librement dans l'atmosphère de la serre, et qu'elles puissent exercer sans obstacle leur influence salutaire sur la végétation des orchidées. L'inclinaison de la serre aux orchidées doit être de vingt-cinq degrés. Les tablettes sur lesquelles reposent les pots contenant des orchidées doivent être en fer peint; si on les construisait en bois, elles auraient trop peu de durée, à cause de la nécessité d'entretenir constamment dans la serre une chaleur humide. Lorsque ces tablettes doivent avoir une certaine largeur, il est bon qu'elles soient formées de deux plaques posées à côté l'une de l'autre sans se joindre, l'intervalle qui les sépare donne passage aux vapeurs, dont l'atmosphère de la serre est constamment saturée; ces vapeurs en arrivant par la partie inférieure des pots, se trouvent directement en contact avec les racines, et contribuent puissamment à l'alimentation des plantes. Toutes les orchidées ne réclament pas la même position et ne peuvent pas vivre dans le même milieu. Les unes se cultivent dans des pots, d'autres dans des terrines semblables à celles dont on se sert pour les semis; d'autres, en grand nombre, sont attachées sur des branches d'arbres garnies de leur écorce; leurs racines sont maintenues sur ces branches avec du fil de plomb; la ligature est garnie d'un peu de mousse, afin d'y entretenir une humidité salutaire; d'autres enfin se cultivent dans de petits paniers de fil de fer qu'on suspend dans la serre afin que les racines des plantes y reçoivent l'air dans toutes les directions. Les plantes qui préfèrent cette dernière situation sont particulièrement les *Stanhopea*, les *Eria*, plusieurs *Epidendrum*, et le plus grand nombre des *Dendrobium*. La mousse qui environne les plantes placées dans ces paniers suspendus doit être maintenue dans un état d'humidité constant pendant tout le temps que leur végétation est en activité. Les orchidées cultivées dans des pots étendent leurs racines parmi des fragments de terre de bruyère légèrement tourbeuse, coupée en morceaux de la grosseur d'une noix; afin que les morceaux adhèrent et qu'ils puissent donner aux racines un peu de fixité, on les joint les uns aux autres par de petites chevilles de bois effilées à l'une des extrémités. Les pots en sont emplis jusque beaucoup au delà de leurs bords, de manière à former au-dessus une sorte de monticule qui doit égaler en hauteur le tiers de la hauteur du pot; la même disposition s'applique aux terrines qui contiennent les orchidées. Les mottes ainsi disposées ne forment point une masse homogène et compacte; elles ne se touchent que par un petit nombre de points. Les intervalles qu'elles laissent libres permettent à l'air humide d'arriver jusqu'aux racines; ils favorisent aussi la décomposition lente de la terre de bruyère tourbeuse où les orchidées puisent une partie de leur nourriture. Lorsque la terre est épuisée, ce qui n'a pas toujours lieu dans le courant d'une année, l'on s'en aperçoit au ralentissement de la végétation chez les orchidées dont la verdure pâlit et jaunit, signe certain qu'il est temps de les rempoter, c'est-à-dire de leur donner des fragments neufs de terre de bruyère tourbeuse. Lorsque la moisissure se fait apercevoir sur ces mottes c'est un des signes les plus assurés qu'il est temps de changer la terre des orchidées. Au moment où l'on vient de changer leur terre, elles doivent être arrosées avec beaucoup de modération pendant quelque temps. Les paniers seront attachés à une certaine hauteur, afin que les tiges florales qui poussent naturellement la pointe en bas puissent librement s'étendre tout autour du panier. Les orchidées épiphytes, en général, ne réclament pas comme les autres végétaux une situation plus ou moins rapprochée de la verticale. Longtemps dans les serres du Jardin-du-Roi, nous avons eu l'habitude de fixer les orchidées épiphytes sur des branches d'arbres dans une position redressée. Une observation plus attentive nous a fait connaitre combien cette situation était préjudiciable à ces plantes, surtout à l'époque où leurs bourgeons commencent à se développer; l'eau s'introduit entre les écailles de ces bourgeons, et elle y séjourne, ce qui nuit beaucoup à leur développement. Dans leur état naturel, ces orchidées, toujours attachées aux branches ou aux troncs des arbres, sont dans une situation tellement inclinée que l'eau, venant à s'introduire dans les écailles de leurs bourgeons, ne saurait y séjourner. Les orchidées ont besoin d'être maintenues dans un état de propreté scrupuleux. Parmi les insectes qui les attaquent, les cloportes sont leurs ennemis les plus redoutables, c'est une des raisons pour lesquelles beaucoup d'orchidées, particulièrement les *Stanhopea*, réussissent toujours mieux dans des paniers suspendus que dans des pots placés sur des tablettes où les cloportes peuvent les atteindre, tandis qu'ils n'ont aucun accès dans les paniers suspendus. Beaucoup d'orchidées ne fleurissent pas la première année; il en est qui font attendre leurs premières fleurs deux, trois et quatre ans; mais aussi, quand leur floraison commence, elle est ordinairement très-prolongée; l'horticulteur y trouve un ample dédommagement pour ses soins patients et assidus.

La serre aux orchidées n'admet pas de végétaux étrangers à cette famille, excepté cependant beaucoup d'espèces de fougères; c'est même sur les mottes des orchidées que nous semons de préférence les graines de ces plantes. Les soins de culture et les conditions de température qu'elles exigent sont trop exceptionnels. Comme le thermomètre ne doit jamais marquer moins de quinze à vingt degrés, pendant l'hiver la serre aux orchidées devient en quelque sorte l'infirmerie de toutes les plantes malades qui ne craignent pas l'humidité; elles s'y refont très-promptement. Le maximum de la température ne doit pas, dans ces sortes de serres, dépasser 30 degrés.

La culture des orchidées épiphytes est devenue aujourd'hui un objet intéressant; nous allons indiquer trois dispositions de serre *ad hoc* que nous croyons les plus favorables au développement de ces singuliers végétaux dignes de l'intérêt des amateurs. La serre représentée fig. 44 est disposée de telle sorte que l'on peut tourner autour de la bâche *b*, cette bâche a 2 mèt. 50 centimèt. de large et est assez basse pour que les jardiniers puissent atteindre jusqu'au milieu les pots reposant soit dans la tannée, soit dans la mousse tenue humide; *i*, sentiers sous lesquels passent les tuyaux de chaleur; *g*, galerie pour le service des paillassons. Cette serre moins chauffée que les deux suivantes recevra les orchidées qui ne demandent qu'une chaleur modérée. La serre à orchidées anglaise, fig. 45 *a*, a du côté du nord une autre serre *b* également chauffée empêchant le froid de frapper le mur du fond. Les rempotages, les composts, etc., se font de ce côté servant aussi de magasin et de resserre. Cette serre établie à Chatsworth a 24 mètres de long sur une largeur de 4 mètres. Le mur du fond s'élève à près de 4 mèt. L'air chaud en parcourant les conduits *c* échauffe le dessous des tablettes où sont posés les pots, puis se répand dans la serre par les ouvertures *d* ménagées de distance en distance dans toute la longueur. La fig. 46 donne la disposition intérieure d'une serre à orchidées, telle que nous la conseillerons pour voir se développer d'une manière satisfaisante les végétaux pour lesquels elle serait construite; les gradins en fonte destinés à recevoir les pots seraient supportés par des colonnes de même en fonte, les cloportes marchant difficilement sur ce métal n'atteindraient que très-rarement jusqu'aux pots, et les végétaux se trouveraient ainsi exempts de ces insectes qui, nous l'avons dit, leur sont nuisibles; le tuyau de fumée passerait en *i*, et quatre tubes à eau chaude circulante *l* placés sous les gradins viendraient échauffer d'une manière efficace d'abord le dessous des pots pour se répandre ensuite dans l'atmosphère de la serre; la galerie *o* serait maintenue par le mur de fond et par une forte tringle en fer supportée elle-même par la colonne principale *c*; sur la galerie on établirait de loin en loin des ventilateurs *v*; d'autres s'ouvriraient à la partie antérieure de la serre ainsi que l'indiquent les lignes ponctuées *t*. — Si l'on construisait pour les orchidées une serre dont la disposition serait semblable à celle de la fig. 36 *ter*, le côté exposé au midi recevrait les espèces de ces végétaux qui aiment le plus la lumière; le côté du nord pourrait durant la saison froide n'être pas découvert de ses paillassons, et alors on n'y mettrait que les orchidées qui dans leur pays vivent à l'ombre des forêts.

Liste des plus belles Orchidées.

Acantophippium b'color.	Bletia patula.
Acropera Loddigesii.	Brassavola cucullata.
luteola.	nodosa.
Aerides crispum.	Brassia caudata.
odorata.	lanceana.
	maculata.
Angræcum eburnum,	striata, etc.
odoratissimum.	
	Cœlogyne cristata.
Barkeria elegans.	fimbriata.

Cœlogyne media.

Calanthe veratrifolia.
  sylvestris.

Catasetum Hookerii.
  purpureum.
  semi apertum.
  tridentatum.

Cattleya Forbesii.
  isopetala.
  labiata.
  Loddigesii.
  Perinnii.
  Pinelii.

Cirrhæa fuscolutea.
  Loddiggesii.

Coryanthes speciosa.

Cypripedium barbatum.
  insigne.
  purpurascens.
  venustum.

Cyrtopodium Andersonii.
  speciosissimum.

Dendrobium cœrulescens.
  calceolus.
  chrysanthemum.
  crispatum.
  densiflorum.

Dendrobium fimbriatum.
  macrophyllum.
  macrostachyum.
  moschatum.
  moniliforme.
  nobile.
  Pierardii.
  pulchellum.

Epidendrum æmulum.
  aromaticum.
  aurantiacum.
  columbaria.
  crassifolium.
  odoratissimum.
  umbellatum.

Galeandra Baueri.

Gongora atropurpurea.

Goodiera discolor.

Grammatophyllum multiflorum.

Grobya Hamerstiæ.

Houlletia stapæliæflora.

Ionopsis tenera.

Isochilus linearis.

Lælia albida.
  anceps.

Lælia autumnalis.
  Barkerii
  cinnabarina.
  grandiflora.
  parviflora.

Leptotes bicolor.
  serrulata.

Maxillaria aromatica.
  aurantiaca.
  Deppii.
  harrissoniæ.
  picta.

Miltonia candida.
  russeliana.

Mormodes citrina.
  Odierii.

Myanthus barbatus.

Odontoglossum grande.

Oncidium Ceboletti.
  crispum.
  Galleotianum.
  lanceanum.
  Lindenii.
  ornithorhynchum.
  papilio.
  pulvinatum.
  pumilum.
  roseum.

Oncidium russelianum.
  sanguineum.

Pedilonium secundum.

Peristeria Barkeri.
  elata.
  pendula.

Phaius bicolor.
  grandiflorus.
  Wallichii.

Polystachya cultrata.

Renanthera coccinea.

Rodriguezia secunda.

Saccolobium guttatum.

Schomburgkia crispa.
  marginata.
  tibicina.

Sophronitis cernua.
  grandiflora.

Stanhopæa atropurpurea.
  Cavendishii.
  eburnea.
  grandiflora.
  insignis.
  oculata.
  tigrina.

Stanhopæa Wardii.

Stenorhynchus speciosus.

Trichopilia tortilis.

Trigonidium obtusum.

Vanda multiflora.
teres.

Zygopetalum crinitum.
Mackayii.
maxillaria.
rostratum.

Les *Nelumbium*.

Nymphæa cerulea.

— *advena.*

Pontederia Crassipes.

— *azurea.*

Thalia dealbata.

Valisneria, etc.

§ II. — Aquarium.

Les serres de cette espèce ne se rencontrent que dans les établissements de premier ordre en Angleterre. Le Jardin-des-Plantes à Paris n'a pas d'aquarium; il a seulement dans un des grands pavillons carrés un bassin destiné aux plantes aquatiques de serre chaude. Nous croyons cependant devoir mentionner l'aquarium tant à cause de la rare beauté des fleurs des plantes aquatiques de serre chaude qu'en raison de la facilité et de la simplicité des procédés de leur culture. Ces plantes exigent le plus de lumière possible. La serre qui leur est destinée doit donc présenter une grande surface vitrée le moins éloignée possible de l'eau à la surface de laquelle les plantes doivent fleurir. L'aquarium représenté fig. 47 a six mètres cinquante centimèt. de long sur quatre de large. Sa hauteur au milieu n'excède pas 2 mètres 60 centimèt; le passage occupe le centre; deux réservoirs sont placés de chaque côté. Les pots sont placés au fond de ces réservoirs et le feuillage des plantes aquatiques vient s'épanouir à la surface de l'eau; les tuyaux d'un thermosiphon communiquent à l'eau des réservoirs la température nécessaire.

Parmi les plantes qui peuvent être cultivées dans un Aquarium, nous citerons :

Toutes les plantes aquatiques se plaisent dans la terre franche mêlée soit avec du gros sable de rivière, soit du sable pur, ou enfin des substances qui ne se décomposent pas facilement dans l'eau.

§ III. — Serre pour les Plantes Grasses.

La serre aux Cactées peut également admettre toute sorte de plantes grasses, c'est-à-dire toutes celles dont les feuilles épaisses et charnues sont remplies d'un parenchyme plus ou moins aqueux. L'exposition du midi convient particulièrement à ce genre de serre, les principes de sa construction sont ceux de la serre chaude sèche. Toutes ces plantes se cultivent exclusivement dans des pots; les bâches sont inutiles dans la serre aux plantes grasses; les pots peuvent tous être disposés sur des gradins. La température de cette serre ne doit jamais descendre au-dessous de dix degrés, chaleur nécessaire à la plupart des *Cactus*. Beaucoup d'autres plantes grasses supporteraient sans en souffrir une température moins élevée; mais l'abaissement de la température au-dessous de dix degrés ne pourrait manquer d'être funeste à beaucoup de *Melocactus*, d'*Echinocactus* et de *Mammillaria*. Il est évident qu'on devrait pour cette raison cultiver les différents genres de plantes grasses dans des serres séparées sous l'empire d'une température appropriée à la nature de chacune d'elles. On atteindrait le même but avec beaucoup moins de frais et d'embarras, si seulement on établissait dans la serre aux plantes grasses divers compartiments dont chacun serait maintenu à une température différente; chaque série de plantes grasses pourrait alors y végéter dans les conditions de température qui lui sont particulièrement nécessaires, tel que cela existe dans la serre curviligne, fig. 37, du Jardin-du-Roi, et dont nous avons parlé aux serres chaudes. Nous regardons cette séparation des plantes grasses comme l'un des points les plus importants pour leur bonne culture. Plusieurs espèces de plantes grasses peuvent supporter très-facilement le froid des hivers ordinaires sous le climat de Paris. Il n'est pas douteux que plusieurs *Opuntia* qu'on rencontre dans leur patrie à l'état sauvage sur de très-hautes montagnes, n'y soient exposées à un froid beaucoup plus vif que celui des hivers des contrées tempérées de l'Europe. Il en est qui supportent à notre connaissance personnelle une gelée de douze degrés sans en souffrir; on ne peut pas dire que ces plantes soient à leur place dans la serre chaude.

Une bonne terre de jardin suffit à la plupart des plantes grasses, il y en a même qui se contenteraient de toute espèce de terrain, car on les rencontre à l'état sauvage végétant avec vigueur dans des sols de nature très-diverse, souvent tout à fait stériles. On leur donne ordinairement dans la serre un mélange de deux tiers de terre de bruyère avec un tiers de terre franche. On y ajoute aussi quelquefois des fragments de grès concassés, et l'on garnit le fond des pots avec un lit de tessons de poterie pour assurer l'égouttement de la terre et empêcher l'eau surabondante de séjourner sur les racines.

Les plantes grasses doivent être rempotées après l'hiver, aussitôt qu'on remarque les premiers symptômes de la reprise de leur végétation. Lorsque pendant cette opération on en trouve dont les racines sont atteintes de pourriture, on retranche ces racines endommagées, puis on pose les plantes privées de racines sur une table dans un lieu parfaitement sec. Lorsqu'elles y sont restées quelques jours, on les pose, sans les enterrer, sur des pots remplis d'une terre convenable; elles ne tardent pas à émettre des racines qui s'enfoncent d'elles-mêmes dans la terre. On ne doit leur donner d'eau que lorsqu'on s'aperçoit qu'elles commencent à s'enraciner. Quelques *cactus* peuvent vivre pendant un temps indéterminé, posés tout simplement sans terre sur une tablette. Il y a à la Sorbonne, à Paris, un *echinocactus* qui vit depuis quatre ans posé sur un tronçon de bambou; tous les ans il pousse des racines qui meurent faute de trouver un milieu pour s'y enfoncer; mais la plante elle-même ne meurt pas, bien qu'elle reste, comme on peut le penser, dans un état fort languissant. Cet *echinocactus* et plusieurs autres cactées sont conservés pendant l'hiver dans une armoire où la gelée ne peut les atteindre. Ces faits peuvent donner une idée de la singulière énergie vitale que possèdent les plantes de cette famille. Elles n'ont pas perdu leur belle verdure en dépit des privations auxquelles elles sont soumises, et, chose très-digne de remarque, les insectes qui vivent sur ces plantes ne les ont pas abandonnées. La même armoire renferme une plante de la même famille, dans un pot rempli de terre de bruyère ; ce pot n'est arrosé que pendant les mois d'avril, mai, juin et juillet ; tout le reste de l'année la plante ne reçoit pas une goutte d'eau. A l'époque des grandes chaleurs, on place les plantes grasses en plein air, en ayant soin toutefois de leur réserver une situation parfaitement abritée. Pendant les premiers temps que les plantes passent en plein air, il est bon, pour qu'elles s'y accoutument par degrés, d'étendre au-dessus d'elles une toile qui les protége contre l'action trop vive des rayons solaires. Nous pensons que les *Melocactus* ne doivent jamais sortir de la serre, la température moyenne de leur pays natal étant beaucoup trop élevée, comparativement à celle de notre climat, pour qu'elles puissent supporter sans inconvénient les nuits fraîches qui surviennent souvent au milieu de nos étés. Parmi les cactées, celles qui redoutent le plus l'action directe des rayons solaires sont les *Epiphyllum*, qui croissent naturellement à l'ombre des bois, et les *Rhipsalis*, qui vivent en parasites sur d'autres végétaux ; ces deux derniers genres devront donc être cultivés le plus à l'ombre possible de la serre. A la rigueur, on pourrait se dispenser d'une manière absolue d'arroser les plantes grasses pendant l'hiver ; cependant celles qu'on ne laisse pas absolument manquer d'eau, sans toutefois leur donner dans cette saison une humidité surabondante, végètent toujours au retour du printemps d'une façon plus satisfaisante que celles que l'on n'aurait pas arrosées du tout, depuis l'automne jusqu'au printemps. Les plantes grasses aiment beaucoup l'air fréquemment renouvelé ; il faut donc leur donner le plus d'air possible, chaque fois que la température le permet. Les épiphylles seules font exception à cette règle ; ces plantes craignent les courants d'air, l'air stagnant leur est particulièrement favorable. Pendant la belle saison, lorsque les plantes grasses ont besoin d'être ombragées avant d'avoir quitté la serre, ces plantes doivent être seringuées, mieux le matin que le soir ; toutefois, on peut les seringuer même le soir, lorsque le soleil est près de se coucher, pourvu qu'avant la nuit l'on n'oublie pas de donner assez d'air à la serre en soulevant les panneaux supérieurs, pour que l'eau des seringages puisse s'évaporer, et qu'elle ne séjourne pas sur les feuilles et les tiges des plantes grasses.

Nous donnerons ici quelques indications sur la culture générale des cactées, qui, ainsi que nous l'avons dit, peuvent être cultivées avec succès dans une serre tempérée, mais cependant réussissent et fleurissent avec plus de certitude dans une serre construite d'après les données que nous avons indiquées.

Nous cultivons habituellement toutes les cactées dans une terre composée de deux tiers de terre de bruyère et d'un tiers de terre franche ; nous ajoutons quelquefois un peu de terreau de fumier à défaut de terreau de saule, qui est préférable. Pour quelques espèces, nous mêlons à la terre une portion de sable de rivière ; pour d'autres, nous remplaçons ce sable par du grès écrasé, mêlé par moitié (souvent deux tiers) avec la terre de bruyère.

Les semis se font en terre de bruyère ordinaire sous châssis à chaud, dans des petites terrines de 10 à 12 centim. de diamètre sur 5 à 6 centim. de profondeur, et très-peu recouvertes. Lorsque les plantes sont bien levées, et qu'elles sont à peu près formées, on les transporte dans une serre chaude. S'il arrive, au bout de quelque temps, que la mousse ait envahi les jeunes sujets, on les repique dans de la terre nouvelle, jusqu'à ce qu'ils aient atteint une certaine grosseur, afin de les mettre séparément. On les repique ainsi quelquefois jusqu'à trois fois.

Dans le jeune âge, on entretient ces jeunes plantes dans un milieu plutôt humide que sec : il n'en meurt à peine point ; mais, dès qu'ils sont gros, si on leur donne un peu d'humidité l'on en perd considérablement ; parce qu'alors, la plante étant plus forte, elle puise considérablement de nourriture dans l'air, et celle qu'on leur donne au pied devient superflue. A partir du mois de novembre, époque où la végétation s'arrête, l'on doit diminuer beaucoup les arrosements, de telle sorte qu'en décembre, janvier, février et même mars, l'on ne leur en donne plus qu'une ou deux fois par mois. On les rempote en mars, et on commence à leur donner un peu plus d'eau, et progressivement jusqu'à la sortie. Une fois dehors, il faut avoir soin de ne pas leur laisser attraper de coups de soleil. On les ombre avec une toile claire, et, à mesure que la chaleur devient plus forte, on augmente les arrosements, et on ne doit plus laisser sécher la terre. Ces plantes végètent admirablement pendant la belle saison. Si des pluies venaient en trop grande abondance, comme nous en avons eu en 1844 et 1845, il faudrait étendre un paillasson en forme de toit au-dessus. Si l'on dépotait les cactus, et qu'il fût possible de les mettre en pleine terre, sous un châssis, on obtiendrait, dans le courant d'une année, des sujets une fois plus forts que par le moyen ordinaire. Le seul inconvénient à craindre, c'est qu'ils produiraient des racines très-longues, qu'il serait difficile de loger dans de petits pots. Les genres que l'on pourrait ainsi abandonner à la pleine terre sont les *echinocactus*, *melocactus*, *pilocereus*, *mamillaria*, et toutes les espèces qui poussent très-lentement.

Les *cereus*, *opuntia*, *phyllanthus*, *rhipsalis* sont un peu moins difficiles à soigner. Les *cereus* ne craignent point le soleil, la terre ordinaire leur convient ; de même que les *opuntia*, on peut les sortir pendant la belle saison. Les *phyllanthus* et *rhipsalis* n'aiment point le soleil et se cultivent dans une terre un peu terreautée ; plusieurs sont des *plantes aériennes*. Une partie des espèces de ces deux genres ne sortent point de la serre. Il est facile à un jardinier un peu expérimenté de reconnaître celles qui sont dans ce cas, lorsqu'il s'aperçoit de l'effet produit par l'atmosphère extérieure sur ces plantes, dont les tiges prennent une teinte jaunâtre, et dont la végétation est presque nulle.

On peut, dans une serre chaude, faire des semis de cactus en toute saison ; presque toutes les espèces reprennent bien de boutures : l'on peut aussi en greffer les uns sur les autres, tels que les *epiphyllum* sur les *cereus triangularis*, les *echinocactus* sur les *cereus peruvianus*, etc.

§ IV. — Serres pour les Pélargonium.

Cette serre se construit mieux à un seul versant qu'à deux, sur le modèle d'une serre chaude sèche. Comme l'une des conditions qu'elle exige le plus impérieusement consiste à être parfaitement saine, exempte, par conséquent, de toute humidité intérieure, on peut sans aucun inconvénient la construire en bois. On lui donne ordinairement 30 à 40 degrés d'inclinaison, à l'exposition d'onze heures.

Pour que cette serre soit saine, il suffit ordinairement de la construire au niveau du sol : on ne peut la creuser au-dessous de ce niveau que quand elle repose sur un terrain naturellement sec et sablonneux ; alors ses passages intérieurs peuvent se trouver de 70 centim. plus bas que la terre au dehors de la serre. Dans l'un et l'autre cas, l'intérieur doit être rempli par des gradins dont l'ensemble offre une pente en rapport avec l'inclinaison du vitrage, disposition qui permet d'approcher les gradins le plus près possible des châssis vitrés, et de faire jouir les pélargonium du plus de lumière possible. La lumière, utile à tous les végétaux, à l'exception d'un très-petit nombre de criptogames, est tellement nécessaire aux pélargonium qu'elle est comme une partie de leur existence.

Un exemple de ces sortes de serre, existant chez M. Chauvière, est représenté fig. 48.

a, gradins au plus près des jours ; *b*, tablette supportée de distance en distance par des montants : tout le dessous où passe le tuyau de chauffage est vide ; *c*, tablette suspendue par des fils de fer et surmontée de quatre gradins ; *d*, galerie ménagée pour le service des paillassons.

Les pélargonium, sous leur climat natal, sont peu difficiles sur la qualité du terrain. Aux environs du cap de Bonne-Espérance, nous les avons observés végétant avec vigueur dans des sables grossiers, d'une nature assurément très-peu fertile. En Europe, ces plantes ne sauraient se contenter d'une aussi maigre nourriture : la terre que nous leur donnons au Jardin-du-Roi se compose de trois parties de terre de bruyère, deux parties de terreau de fumier ou de feuilles, et d'une partie de terre franche.

Les pélargonium doivent être rempotés en automne, à l'époque où ils perdent leurs feuilles ; c'est aussi le moment convenable pour les tailler. On supprime presque en totalité ce que les jardiniers nomment le *jeune bois*, c'est-à-dire les pousses de l'année, quoique ces pousses ne soient pas ligneuses. Après avoir détaché des racines la presque totalité de la motte de terre contenue dans le pot, on soumet les racines à une taille sévère qui les met en équilibre avec la tête de la plante après qu'elle a été convenablement taillée. Les pélargonium, ainsi traités, restent dehors jusqu'à l'époque des grandes pluies d'automne ; ils sont alors rentrés dans la serre, dont on tient les panneaux ouverts tant qu'il ne gèle pas. Il ne faut les arroser que très-peu pendant l'hiver. On leur donne des arrosages de plus en plus fréquents et abondants au printemps, à mesure que leur végétation reprend son cours ; c'est aussi le moment où ils ont besoin d'être seringués avec tout le soin et toute l'atention que cette opération exige (voir page 22).

Au retour de la belle saison, on tient tous les châssis ouverts ; les pélargonium ne peuvent avoir alors ni trop d'air, ni trop de lumière, et les rayons solaires, en les éclairant sans obstacle, ne leur font que du bien. Plus tard, lorsqu'ils sont en fleurs, on étend sur eux les toiles, afin de jouir plus long-temps de leur floraison, que l'action directe des rayons solaires abrégerait au détriment des jouissances de l'amateur, qui doit toujours chercher à la prolonger autant que possible. Après la floraison, les pélargonium restent à l'air libre, jusqu'à ce que les pluies d'automne obligent le jardinier à les rentrer dans la serre.

Les pélargonium se multiplient très-aisément de boutures faites soit à l'air libre dans une situation ombragée, soit sous l'abri d'un châssis froid ; elles ont le temps de s'enraciner pendant le reste de la belle saison. A l'époque où elles doivent rentrer dans la serre, on les place chacune séparément dans des pots où elles passent l'hiver. L'année suivante, celles de ces boutures qui sont devenues des plantes robustes et bien développées reçoivent d'autres pots d'une capacité proportionnée à leur volume. On sait combien le jardinier doit apporter d'attention dans le choix des pots pour chaque espèce de plantes ; leurs racines sont gênées dans des pots trop petits, tandis que dans des pots trop grands, la motte de terre retenant trop d'humidité, les racines sont exposées à la pourriture.

Les pélargonium, qui justifient si bien la faveur dont ils sont l'objet, soit par la beauté de leurs fleurs, soit par l'odeur souvent agréable de leur feuillage, ne peuvent être conservés au delà de trois ou quatre ans sans dépérir, tout en conservant pourtant la couleur franche de la fleur. L'amateur qui veut tenir toujours sa collection au complet, en n'y admettant que des plantes dans toute la perfection de chaque variété, doit être toujours muni d'une provision de jeunes plants obtenus de boutures, pour pouvoir remplacer à temps les plantes épuisées.

Il existe chez M. Chauvière, rue de La Roquette, 104, une serre à *pélargonium* à deux versants dont nous donnons l'intérieur, fig. 49. Cette serre présente aux visiteurs un coup d'œil vraiment beau, lorsque les tablettes sont garnies dans toute leur étendue de ces mille plantes étoilées de fleurs aux nuances multipliées à l'infini et disposées avec art. Vitrée de tous côtés, cette serre permet à la lumière d'apporter aux pélargonium, etc., qu'elle renferme, sa bienfaisante influence, sans laquelle ces végétaux délicats pousseraient sans vigueur et ne présenteraient que des rameaux grêles. Dans l'hiver, la tablette du milieu s'élève d'environ 50 cent., afin de rapprocher davantage encore des vitres les pélargonium toujours disposés à s'allonger pour chercher le jour. Le mécanisme qu'emploie à cet effet M. Chauvière est fort simple : les montants sont taillés de manière à présenter aux traverses horizontales soutenant la tablette une encoche comme en *a*; pour reporter ce plancher à sa position supérieure, on élève les traverses jusqu'en *b* arrivant en biseau pour faciliter le mouvement, et on les fixe à cette partie au moyen de broches à écrou que l'on passe dans des trous destinés à les recevoir, traversant de part en part la traverse et le montant. Cette disposition bien entendue prépare, dans l'hiver, les plantes à une végétation luxuriante pour le printemps suivant, en les empêchant de s'étioler. A l'époque de la floraison, cette tablette est rapportée au niveau des autres, de telle sorte qu'en pénétrant dans la serre on embrasse d'un seul regard cet immense tapis de fleurs.

Cette serre a 20 mètres de long sur une largeur de près de 4 mètres à l'intérieur ; les chemins ont 60 cent. de large. La tablette du milieu a 1 mètre 90 de large, et celles des côtés ont 85 cent.

§ V. — Serres aux bruyères.

Tout le monde connaît aujourd'hui les plus jolies espèces de cette charmante tribu dont la culture en France date seulement du commencement de ce siècle; toutes sont des arbustes élégants dont la floraison très-variée récompense avec profusion les attentions des amateurs, mais ces végétaux, rustiques en apparence, réclament des soins délicats et assidus : vivant habituellement sur les parties les plus élevées des montagnes, ils demandent beaucoup de lumière et d'air; à cet effet, la serre qui doit les contenir doit être à deux versants et vitrée de tous côtés; son inclinaison est de 30 degrés. La serre fig. 31, pl. 6, convient parfaitement à ce genre de culture. Ce que nous avons dit du chauffage des serres froides, page 42, s'applique également à celles-ci. Les bruyères redoutent également la trop grande chaleur, l'humidité surabondante et la sécheresse; aussi faut-il veiller avec le plus grand soin à ne pas les exposer aux rayons directs du soleil et à des arrosages superflus; les racines, qui durant plusieurs heures ont souffert faute d'eau, commencent à se dessécher; si, au contraire, elles sont soumises à une humidité superflue pendant trois jours, elles pourrissent en très-peu de temps; le jardinier doit donc apporter la plus grande attention à ne mouiller ces plantes qu'à propos : des seringages faits tous les deux jours donnent aux parties aériennes une fraîcheur favorable. La serre destinée à la culture des bruyères ne doit recevoir avec elles que des plantes basses et à petites feuilles, telles que *Epacris, Leschenaultia, Pimelea, Diplolæna,*

Diosma et autres analogues; car les bruyères ne se plaisent pas dans le voisinage des plantes élevées qui absorbent plus qu'elles : dès lors elles souffrent ou périssent malgré tous les soins dont elles sont l'objet. La terre de bruyère sablonneuse est la meilleure. Lorsque l'on rempote les bruyères, il ne faut pas craindre de leur couper la tête, et non plus de toucher aux racines : seulement il faut bien faire attention aux arrosements lorsque l'on vient de les rempoter.

§ VI. — Serres pour les Plantes bulbeuses.

De même que les pélargonium, les plantes bulbeuses demandent à être près des jours. Une serre peu élevée et vitrée de tous les côtés convient mieux que toute autre à la culture de ces végétaux, qui ne supportent pas la température extérieure. La figure 30 représente une serre de cette espèce à toit vitré, elle a 5 mètres 50 cent. de largeur et 2 mètres 30 cent. de hauteur au-dessus du sentier. La plate-forme du milieu *a* est destinée à recevoir les plantes de grandes dimensions. La tablette est disposée de manière à laisser écouler l'eau superflue. Les deux tablettes à droite et à gauche sont destinées aux plantes bulbeuses de la plus petite taille, principalement aux genres *ixia, oxalis* et *alstroemeria*.

Les conduits placés sous les deux tablettes latérales reçoivent un mode de chauffage quelconque. Lorsque la collection n'est pas assez nombreuse pour garnir une serre à deux versants comme la précédente, on peut se contenter d'une serre à un seul versant, construite d'après les mêmes principes, telle que celle représentée fig. 51 : sa largeur n'est que de 3 mètres 80. La tablette du fond, disposée comme celle du milieu dans la serre précédente, reçoit les plantes pendant le sommeil de leur végétation ; les plantes en fleur se placent sur la tablette de devant. L'exposition de ces sortes de serres peut être la même que celle des serres à pélargonium. (Voir *Châssis froids pour plantes bulbeuses*, page 30.)

CHAPITRE NEUVIÈME.

SERRES A MULTIPLICATION.

La multiplication des plantes est un art pour lequel la pratique du jardinier est tout ; appuyé sur de certaines règles, son intelligence et l'expérience qu'il acquiert sont pour lui des guides plus sûrs que toutes les théories. Cet art a fait de tels progrès de nos jours et est devenu d'une importance telle pour l'horticulteur de profession, que nous croyons devoir indiquer quelques modèles de serres les plus favorables par leur disposition à ce genre d'opération aussi utile à l'ornement des parterres et des jardins d'hiver qu'à la décoration des appartements durant la saison des fêtes.

Les bâches ou serres à multiplication plus spécialement destinées aux boutures, pour être bonnes, doivent être enterrées dans le sol de même que les serres à orchidées ; elles doivent être assez basses pour que les panneaux vitrés soient aussi près que possible des plantes ; on comprend que dans un terrain trop sec il faudra creuser plus profondément que dans un sol marneux. L'exposition de ces sortes de serres doit être le midi ; leur inclinaison est de 30 à 35 degrés. Comme dans toutes les serres, le principal but ici doit tendre à faire naître autour des végétaux les circonstances au milieu desquelles les diverses espèces aiment à croître. Les arbrisseaux propres à l'ornement des jardins et plusieurs grands végétaux se multiplient à l'air libre ; d'autres plantes, dont les boutures reprennent facilement, sont bouturées dans des pots enfoncés soit dans une couche sourde, soit dans la couche d'une bâche peu élevée et peu aérée que l'on ombre toutes les fois que le soleil vient frapper dessus [*]. Enfin, la multiplication de végétaux plus délicats auxquels la chaleur est de première nécessité, se fait dans des serres à multiplication ou à boutures. Ces sortes de serres doivent être un peu humides ; on aura soin de n'y laisser pénétrer aucun courant d'air, et les plantes n'y recevront qu'un jour doux. Quel que soit le degré de température nécessaire, il devra toujours être maintenu égal jour et nuit. Un égal degré d'humidité au pied des bou-

[*] *L'Art de faire les boutures*, par M. Neumann, forme un ouvrage à part. (NOTE DE L'ÉDITEUR.)

tures n'est pas moins indispensable. De tous les modes de chauffage, le thermosiphon est celui qui remplit le mieux cette condition : la chaleur des tuyaux qui circulent sous les planchers échauffe la masse, et la reprise des boutures est mieux assurée que par aucun autre procédé connu; toutefois il est bon que les racines des boutures ne reçoivent pas une chaleur plus grande que celle qui enveloppe les parties aériennes de ces jeunes plantes, si on ne veut pas les voir s'étioler.

Nous avons vu une application ingénieuse de ce système, chez M. Chauvière, dans le chauffage d'une bâche dont nous donnons la coupe perpendiculaire, fig. 52; *a a*, planchers mobiles que l'on élève ou que l'on descend à volonté, selon la hauteur des plantes, au moyen de quatre broches à écrou placées aux quatre angles; le châssis est à double vitrage, les carreaux sont placés à 5 cent. l'un de l'autre. Un soleil modéré ne peut qu'être favorable à des boutures ainsi couvertes d'un double verre; mais s'il devient trop ardent, on rompt ses rayons au moyen de toiles ou de paillassons très-clairs; à cet effet, des montants fixés au-dessus de ce châssis supportent à la hauteur de 33 cent. des barres horizontales destinées à recevoir d'autres barres transversales mobiles *b b* s'y adaptant au moyen d'encoches et sur lesquelles se posent les paillassons. Le vitrage est à 1 mètre de distance du fond de la bâche à la partie la plus élevée, son inclinaison est de 30 degrés. Une bâche ainsi faite a paru d'une grande utilité soit pour bouturer, soit pour forcer : quoique le service soit assez difficile, les planchers mobiles, le chauffage dont on voit les tuyaux *c c*, et la facilité d'ombrer à distance, de manière

à ne laisser pénétrer qu'une lumière douce, présentent des avantages réels. Les planchers ont ici 1 mètre 50 cent. de long sur une largeur de 1 mètre 30. Nous n'avons représenté que deux panneaux; il est bien entendu qu'on peut au besoin établir une bâche formée d'un plus grand nombre de panneaux.

Lorsque l'on fait des boutures étouffées, les cloches pourront être remplacées, dans certains cas, par des coffres portatifs et sans fond, fig. 53. L'assemblage en chêne est maintenu dans son milieu par une barre; la hauteur de la partie postérieure peut être de 20 à 25 centimètres, 15 centimètres suffisent pour le devant. Des rainures sont ménagées pour faire glisser des verres, que l'on arrête au moyen de petits tourniquets fixés dans l'épaisseur antérieure du bois; ces châssis ne demandent pas autant de soin dans leur construction que ceux qui doivent être exposés à l'air; le jardinier peut les construire lui-même en planches brutes assemblées aux angles sur des bois équarris : alors on pose simplement les verres dessus. Lorsque les boutures sont reprises sous les cloches, on les fait passer sous ces bâches, comme intermédiaires, pour les habituer à l'atmosphère de la serre. Les boutures reprennent toujours mieux sous cloche que sous ces sortes de bâches; néanmoins elles pourront être employées d'une manière efficace pour les plantes dont le bouturage est facile.

La fig. 54 représente une serre à multiplication établie chez M. Chauvière; les tablettes destinées à recevoir les pots à multiplication sont couvertes de sable à une épaisseur de 12 à 15 centimètres. Le plan indique le parcours des tuyaux de chauffage à l'eau chaude; *c*, chaudière du thermosiphon; le dessous des tablettes où passent les tuyaux *e e* soutenus par des supports en bois, est vide; le devant est fermé, mais des trappes *d* à charnières s'ouvrent de distance en distance pour laisser à la chaleur le moyen de se répandre dans l'atmosphère de la serre; *f*, galerie supérieure pour le service des paillassons.

Chez M. Lemichez, successeur de M. Fion, il existe une serre à boutures, fig. 55, à deux versants, construite dans les conditions les plus favorables aux opérations délicates auxquelles elle est destinée. A, tambour ou cabinet auquel on descend par les marches *b b*, et communiquant à la serre par les portes vitrées établies en *l l*; *h*, foyer et chaudière à thermosiphon distribuant l'eau dans les tuyaux méplats en cuivre *i i*, lesquels parcourent toute la partie du milieu au-dessous de la tablette; *k*, conduit de fumée allant se perdre dans la cheminée *g*; une petite porte est ménagée au-devant pour l'enlèvement de la suie; une porte semblable existe en *z* pour nettoyer le tuyau de fumée du poêle *d*, dont le service se fait par un escalier de quatre marches souterraines *c*, la fumée de ce poêle s'échappe par le tuyau *e e* et vient sortir par la cheminée *g*; on allume ce poêle quand le thermosiphon est en réparation, ou lorsque, dans les hivers rigoureux, la chaleur de ce dernier ne suffit pas à entretenir la température voulue; *o o*, tablettes suspendues par de petits supports en fer près des jours; les tablettes des parties latérales sont supportées par des poteaux verticaux, le dessous est vide; le dessous de la tablette du milieu est fermé, la chaleur se répand dans la serre par des trappes à charnières; nous avons représenté ces trappes telles qu'elles existent; mais il nous paraîtrait physique-

ment plus convenable qu'elles s'ouvrissent en contre-bas, ainsi que cela existe fig. 54; le calorique, en se dégageant dans la serre dans un sens moins direct, s'y répand d'une manière plus uniforme, et le dessous de la tablette se trouve ainsi éprouver une perte de chaleur moins brusque. Toutes ces tablettes sont recouvertes d'une épaisseur de 15 centimètres de sable devant recevoir les pots. Nous avons vu chez M. Chauvière, dans une serre à peu près semblable, multiplier les Pélargonium en pleine terre; à cet effet la tablette du milieu est assez basse pour faciliter les mouvements du jardinier, et le sable est remplacé par de la terre de bruyère.

M. Paillet, horticulteur à Paris, a disposé une suite de onze serres, dont nous donnons l'ensemble fig. 56. Toutes ces serres ont chacune leur entrée particulière formée d'une double porte, ainsi que l'indique le n° 1, même figure; mais la disposition intérieure est très-avantageuse en ce qu'elle permet aux travailleurs de parcourir toutes les serres sans être obligés d'ouvrir au dehors. Une longue galerie, située au fond de *a* en *a* fig. 57, offre cette circulation utile et est commode pour resserrer les pots vides, les outils, faire les rempotages, etc.; des tablettes disposées dans toute la longueur de cette galerie, vitrée comme les serres, reçoivent des plantes en pots.

La fig. 58 est la coupe transversale d'une des serres; les chevrons *c c* viennent s'enchevêtrer dans la faîtière *b*; les châssis seuls sont vitrés, et la partie en contre-bas des points *n n* est garnie de planches en chêne; le zinc serait préférable; *d*, tablette suspendue sur des montants en fer de distance en distance; cette coupe indique la disposition du chauffage à l'eau chaude établi dans chacune des serres, le parcours des tuyaux se voit au n° 1 de la fig. 57. Le foyer *f*, fig. 58, s'alimente de l'extérieur en descendant quelques marches plus bas que le sol. Dans ces serres admirablement tenues, se cultivent et se multiplient en grand nombre les Camellias, les Rhododendrons, les Azalées, les Acacias, les Pimelea, les Épacris, les Bruyères, etc. Partout la végétation exubérante de toutes ces charmantes tribus y dévoile le talent et le savoir de l'infatigable M. Paillet.

La onzième serre B est un jardin d'hiver, dont on ne peut se faire une idée que lorsqu'on y pénètre à l'époque de la floraison des camellias, des rhododendrons, des azalées, des acacias, et plus tard des dahlias, etc., qui, rangés par groupes, offrent le coup d'œil le plus enchanteur dont on puisse avoir une idée. Cette serre est assez élevée pour recevoir des arbres exotiques, et plus tard sans doute y verrons-nous en pleine terre les beaux végétaux de la Nouvelle-Hollande, du Cap et de l'Amérique septentrionale. Les côtés verticaux vitrés s'élèvent à un mètre sur un mur élevé aussi d'un mètre au-dessus du sol. Une galerie *i* est ménagée sur le faîte pour le service des paillassons, qui se reploient, à l'abri des pluies, au-dessous de la saillie que forme cette galerie.

Nous reproduisons ici le conseil que nous avons donné dans un autre travail * sur la disposition d'une serre à

* *Notions sur l'art de faire les boutures.*

multiplication, telle que nous la concevons pour la prospérité des jeunes plantes qui y doivent prendre place. Deux bâches A A, fig. 89, planche 22, seraient établies de chaque côté de l'allée principale B ; deux allées latérales C C circuleraient tout au pourtour pour le service des jardiniers ; les planchers des bâches seraient recouverts d'une épaisseur de 10 à 15 centimètres de sable ou autre matière devant recevoir les pots à boutures qui y doivent être enterrés. Les tubes d'un thermosiphon passeraient sous ces planchers, échaufferaient la matière où plongent les pots, puis les pots eux-mêmes, et émettraient leur calorique dans l'atmosphère de la serre, au moyen de trappes établies à charnières et s'ouvrant de distance en distance de chaque côté des bâches, trappes au moyen desquelles on peut régler la température intérieure de la serre. Les dimensions d'une telle serre peuvent varier selon les localités et selon les besoins, il faut seulement se rappeler que les boutures demandent à être au plus près possible des vitrages. La coupe de cette serre peut représenter une largeur de 4 mètres, dont 1 mèt. 50 centim. sont employés pour les chemins. Mais si la serre à construire devait être moins large, un seul chemin pourrait être ménagé au milieu. Nous pensons qu'une serre à multiplication établie selon ces principes remplirait les conditions voulues pour que les boutures profitent de l'influence de la lumière, et soient soumises à une température maintenue égale nuit et jour.

CHAPITRE DIXIÈME.

SERRES A FORCER.

La culture de toutes les plantes de serre, sans distinction, peut être considérée comme une culture forcée, puisqu'elle a pour but de *forcer* les végétaux exotiques à vivre, croître et fleurir artificiellement dans les pays dont ils ne peuvent supporter le climat. Les jardiniers ont néanmoins réservé le nom de *culture forcée* pour l'ensemble des procédés qui concourent à faire arriver la floraison ou la fructification des végétaux à une époque autre que celle qui résulterait du cours naturel de leur végétation. Par cette définition, le nom de Serre à forcer n'est plus applicable qu'à ce genre spécial de serres exclusivement destinées à *forcer* des arbres à fruits ou des plantes d'ornement. Occupons-nous d'abord des premières, comme offrant plus d'intérêt à l'horticulture professionnelle, surtout aux abords des grandes villes ; nous traiterons ensuite des serres destinées à forcer seulement des plantes d'ornement.

§ I. — Serres à forcer les arbres fruitiers.

Il n'est pas nécessaire de posséder une serre pour se donner le plaisir de hâter artificiellement la maturité des fruits ; un simple châssis vitré adapté temporairement devant un espalier à bonne exposition, suffit pour obtenir des fruits de grande primeur, figure 59 : c'est ce qu'on nomme *serre mobile* ou *serre temporaire*, quoique ce ne soit point une serre à proprement parler, dans le vrai sens du mot. Tout mur d'espalier muni d'un chaperon peut recevoir au-dessous du chaperon une légère traverse maintenue par des pitons ; quelques charnières solides suffisent pour fixer à cette traverse la partie supérieure du châssis dont la partie inférieure repose sur une forte planche posée sur champ. Des piquets, alternativement en dedans et en dehors, maintiennent cette planche ; deux cloisons en planches ferment les deux extrémités de l'espace angulaire compris entre le châssis et le mur. Quelques chevrons allant du sommet du mur à la planche antérieure, soutiennent les châssis en dedans de distance en distance.

Un poêle ou deux, selon la longueur de l'espalier temporairement protégé, sont établis à l'extérieur ; les tuyaux sont disposés le plus près possible du bord antérieur du vitrage. On donne ordinairement aux vitrages de la serre mobile une inclinaison de 60 degrés. Pour un mur de deux mètres, les châssis doivent avoir deux mètres 66 de longueur.

Entre l'espalier et le bord antérieur du châssis, on peut placer, pour les hâter en même temps que les arbres fruitiers de l'espalier, des pruniers nains de Reine-Claude et de Mirabelle cultivés d'avance dans des pots, et une rangée de fraisiers en pots ; le produit de ces cultures peut, presque sans augmenter les frais, s'ajouter à celui des arbres hâtés dans la serre temporaire. Il importe de ne chauffer à l'espalier par ce procédé que les arbres à fruits les plus hâtifs. C'est pourquoi, lorsqu'on plante un espalier de pêchers, par exemple, dans le but d'en hâter tous les ans une partie au moyen des châssis mobiles, on doit se garder de mélanger les espèces tardives et précoces; ces dernières seules peuvent être chauffées avec avantage.

L'époque la meilleure pour mettre les châssis mobiles devant l'espalier à forcer diffère selon les espèces d'arbres à fruits, et plus encore selon les climats. Sous le climat de Paris, on peut placer les châssis devant un espalier de pêchers dès les premiers jours de décembre, et devant un espalier de vigne vers la fin de décembre.

L'Abricotier supporte mal la culture hâtée sous le châssis temporaire, ou la culture forcée dans la serre; son fruit se gerce et tombe souvent avant sa maturité.

Les poêles ne doivent être chauffés qu'avec beaucoup de prudence. Pour les longues nuits froides, un feu de tourbe ou de poussier de charbon qui brûle lentement et n'est sujet ni à s'emporter, ni à s'éteindre brusquement, doit être allumé le soir; il maintient jusqu'au matin une bonne température. On comprend du reste qu'il faut toujours se régler pour le feu d'après l'état de la température extérieure.

Les arbres chauffés par ce procédé, le plus simple de tous, se gouvernent, pour la taille, le palissage, l'ébourgeonnement, le pincement et les autres soins de culture, exactement comme les arbres livrés au cours naturel de leur végétation; seulement chaque opération change d'époque; le jardinier se conforme à la marche de la végétation activée par la chaleur artificielle. Nous renvoyons, pour la taille et la conduite des arbres fruitiers, aux ouvrages spéciaux dont les meilleurs sont compris dans la liste suivante :

1° *Pomone française*, par M. le comte Lelieur de Ville-sur-Arce; 1 vol. in-8°.

2° *Traité de la taille des arbres fruitiers*, par M. Dalbret; 1 vol. in-8°.

3° *Traité de la culture et de la taille des arbres*, par Butret; 2 vol. in-18.

4° *Traité de la taille et de la culture du pêcher*, par Lepère, de Montreuil; brochure in-8°.

5° *Traité sur la culture du pêcher en espalier sous la forme carrée*, par Malot, de Montreuil.

6° Forsyth, *Culture et taille des arbres fruitiers*, traduit de l'anglais. Ouvrage spécial pour les fruits à pepins.

7° John Rogers, *The fruit cultivator*. En anglais. 1 vol. in-12.

Beaucoup d'amateurs se persuadent que la culture hâtée fatigue tous les arbres; c'est une grande erreur : les pêchers, les figuiers, et même la vigne peuvent être hâtés plusieurs années de suite, comme on vient de l'indiquer, sans avoir à en souffrir; ils ne s'en portent même que mieux, après avoir été chauffés, car ils ont eu plus de temps devant eux pour aoûter leur jeune bois de l'année, qui a commencé de très-bonne heure à se former, ce qui lui a permis de profiter de toute la bonne saison pour se *mûrir* complétement. On sait en outre que les principales maladies auxquelles sont sujets les pêchers, comme la gomme et la cloque, se développent sous l'influence des alternatives de chaud et de froid que les arbres éprouvent en plein air sous le climat de Paris, et qui troublent le cours de leur végétation au printemps. Ils échappent à ces vicissitudes sous l'abri de la serre temporaire.

La chaleur artificielle fait multiplier prodigieusement dans cette serre les insectes de toute espèce et les fourmis en particulier. On se défait des fourmis en les attirant dans des bouteilles pleines d'eau miellée, dont elles ne peuvent plus sortir; on a recours contre les pucerons aux fumigations de tabac (voir page 27).

Il ne faut pas oublier non plus que le sol de la plate-bande couverte par le châssis ne participe plus du tout aux bienfaits des pluies et des rosées; il lui faut, par conséquent, quelques arrosages quand la terre semble trop desséchée; il faut surtout aux arbres de fréquents bassinages donnés sur toute leur surface sous forme de pluie, au moyen d'une pompe munie d'une gerbe percée de trous très-fins. L'eau qui sert à ces divers usages doit avoir séjourné sous le châssis assez long-temps pour avoir pris la température de la serre. Il est important de tenir la serre temporaire hermétiquement fermée pendant l'hiver; le moindre courant d'air froid venant à frapper sur les arbres au moment où les fleurs commencent à nouer, peut faire manquer la récolte. Mais, à mesure que la température s'adoucit, on donne de l'air, d'abord pendant les heures les plus chaudes de la journée, puis presque toute la journée. On supprime graduellement les couvertures de paillassons dont les châssis avaient dû être chargés pendant les nuits d'hiver. Enfin, aux approches de l'été, même lorsqu'il reste encore quel-

ques fruits, on enlève tous les châssis, et les arbres sont laissés à l'air libre la nuit comme le jour.

§ II. — Bâches à forcer la Vigne.

Avant de nous occuper des serres à forcer construites à demeure pour cette destination, nous devons décrire le procédé pratiqué très en grand aux environs de Paris pour forcer la vigne sous des bâches temporaires qui forment une transition entre les châssis mobiles placés devant un espalier, et les serres à forcer proprement dites.

Il serait inutile d'établir d'avance les bâches où l'on se propose de forcer la vigne, elles resteraient trop long-temps sans emploi; il ne faut pas moins de 4 ou 5 ans de culture préparatoire pour amener la vigne au point de développement le plus favorable à cette opération. On plante à cet effet des ceps sur un terrain nu, dans une situation abritée, autant que possible à l'exposition du midi. L'intervalle entre les lignes doit être de 3 mètres 33 centimètres; la distance des ceps entre eux dans les lignes doit être de 2 mètres. Quand ils ont deux ou trois ans de plantation, on les *provigne* d'après la méthode ordinaire, en couchant le sarment de l'année de manière à établir les provins comme les souches-mères, à 2 mètres de distance les uns des autres.

Immédiatement derrière ces provins on doit élever un treillage pour les soutenir. Ce treillage peut être remplacé par deux cordons de fil de fer. Dans tous les cas, la latte ou le fil de fer destiné à supporter les bras du cep venant du provin ne doit pas être plus près du sol que de 40 à 45 centimètres. S'il en était plus près, l'humidité, qui abonde toujours dans la partie basse de l'atmosphère de la serre, ferait pourrir les raisins, ou du moins retarderait leur maturité. On applique à ces ceps avec la plus grande régularité possible les principes de la *taille à la Thomery*. On leur forme à chacun deux bras parfaitement égaux en vigueur, ne dépassant pas un mètre de long, chargés d'un nombre égal de coursons régulièrement espacés à 15 ou 16 centimètres l'un de l'autre. Ces soins ont pour but, outre la bonne végétation de la vigne, la nécessité de ménager la place très-limitée que recouvriront plus tard les bâches, afin que cette place puisse être utilisée en entier.

Enfin les ceps ont acquis la vigueur convenable, et le moment approche où ils doivent être chauffés. Aussitôt après la chute des feuilles, ou, au plus tard, à la fin de décembre, on les taille toujours d'après les principes de la taille à la Thomery, on donne au sol une façon à la bêche, avec ménagement, et l'on met les coffres en place. Ces coffres sont des cadres vides plus hauts par derrière que par devant, construits en simple bois blanc assemblé en queue d'aronde sans clous ni ferrure quelconques. Les dimensions ordinaires de ces cadres sont 2 mètres 66 centimètres de longueur, 1 mètre 50 centimètres de largeur, 1 mètre de hauteur par derrière et 33 centimètres de hauteur par devant. Ces dimensions sont déterminées par celles des châssis qui, selon l'usage ordinaire, ont 1 mètre 33 centimètres de large et 1 mètre 50 centimètres de long; chaque coffre doit être recouvert de deux châssis semblables. Pour ménager la lumière, on ne construit ordinairement en bois que les cadres des châssis; les traverses se font en fer et aussi légères que possible. Les tuyaux d'un appareil de chauffage tel que nous l'avons indiqué pour la serre mobile chauffent au besoin l'intérieur des bâches. Il faut ordinairement un poêle pour trois coffres; lorsqu'on en a un grand nombre à chauffer, l'emploi des poêles donne par conséquent beaucoup d'embarras. Un thermosiphon à tubes de cuivre, coûtant environ 150 francs, peut chauffer l'intérieur des neuf coffres ayant ensemble 23 mètres 40 centimètres de long; mais on n'a recours à la chaleur artificielle que pendant les grands froids. Avant qu'ils se fassent sentir, on commence par faire partir la vigne à l'aide d'un simple réchauf de fumier, disposé devant et derrière dans une rigole de 50 centimètres de large et de 33 centimètres de profondeur. Pendant toute la durée de l'opération ces deux moyens sont employés simultanément. Les réchaufs sont remaniés pour raviver la chaleur, et renouvelés quand cette chaleur est épuisée. Toutefois, comme on a remarqué que la vapeur ammoniacale qui s'échappe du fumier des réchaufs est funeste aux fleurs de la vigne et peut les empêcher de nouer, on devra boucher hermétiquement toutes les issues. C'est pendant la floraison que la vigne a le plus besoin de chaleur, c'est pourquoi il faudra remanier les fumiers souvent, jusqu'à ce que les grains soient formés, pour ensuite continuer à chauffer avec les poêles ou le thermosiphon, ayant soin d'entretenir une température de 14 à 15 degrés pendant la nuit, et le plus que l'on peut pendant le jour.

La vigne ainsi chauffée se gouverne par le pincement, l'ébourgeonnement, l'évrillement et tous les autres soins de culture, comme la vigne en treille à l'air libre. Il lui faut très-peu d'air avant la bonne saison; elle a rarement besoin du bénéfice des bassinages sous forme de pluie factice; on a plutôt à craindre dans ce genre de bâches un excès d'humidité.

La fig. 60 représente une bâche à forcer la vigne, avec son tuyau de chaleur et ses réchaufs de fumier. La vigne y est conduite sur un seul cordon, le long du treillage adossé à la partie la plus élevée du coffre. La vigne ne peut amener ses fruits à maturité si elle est palissée sur le mur du fond; il est donc indispensable que les cordons soient disposés au plus près du verre.

Dans la fig. 61, nous avons représenté une bâche semblable, mais dont le côté le plus élevé a 1 mètre 50 centimètres de hauteur au lieu d'un mètre, ce qui permet de donner à la vigne *deux* cordons au lieu d'un.

§ III. — Serres à forcer proprement dites.

Les serres à forcer les arbres à fruits ne sont pas très-répandus en France. Les Anglais, en raison de l'ingratitude de l'atmosphère de leur île, se sont occupés beaucoup plus que nous de la culture forcée des arbres fruitiers. Dans les jardins des grands seigneurs et des principaux établissements d'horticulture, on accorde à chaque espèce d'arbres fruitiers sa serre particulière; il y a la serre aux pêchers (Peach-house), la serre à la vigne (Vinery), la serre aux cerisiers (Cherry-house) et la serre aux figues (Figs-house). Ces quatre serres se réduisent très-souvent à trois; la vigne et le pêcher peuvent, sans se nuire l'un à l'autre, être forcés dans le même local. Quand la serre aux pêchers est assez spacieuse, elle admet aussi quelques amandiers. Souvent encore toutes ces serres n'en font qu'une, d'une très-grande longueur, divisée en plusieurs compartiments. Ce système de division est bon à recommander même aux horticulteurs qui ne forcent qu'une seule espèce d'arbres fruitiers. Elle leur offre l'avantage de pouvoir les chauffer séparément et successivement, de manière à prolonger les récoltes, ce qui en rend le placement plus avantageux qu'il ne peut l'être quand tout le fruit mûrit à la fois.

Les serres à forcer se construisent toujours à un seul versant, à l'exposition du plein midi. Lorsqu'on élève une maçonnerie pour cette destination spéciale, le mur du fond doit avoir assez d'épaisseur pour que les plus fortes gelées ne puissent le pénétrer, et assez d'élévation pour qu'il dépasse d'un mètre au moins la partie supérieure du vitrage, afin que les vents froids ne puissent *rabattre* sur les châssis. Les Anglais, qui ne cultivent pas comme nous les champignons dans des souterrains, joignent très-souvent à leurs serres à forcer un bâtiment spécial, parfaitement obscur, muni de tablettes solides, portant plusieurs étages superposés de couches à champignons. Ces bâtiments sont adossés au nord de la serre aux arbres fruitiers. On peut obtenir les mêmes avantages pour ces arbres en adossant la serre au mur d'un bâtiment à une exposition favorable, le long duquel on établit la serre en appentis. Le sol de la serre, pour éviter l'humidité, ne doit point être plus bas que le sol environnant; il pourrait, au besoin, être plus élevé. Le mur du fond doit être revêtu d'un bon crépissage.

Toutes les parties de la serre à forcer, châssis, vitrages,

portes, ventilateurs, doivent être ajustées avec un soin particulier, car le succès des récoltes qu'on espère des arbres fruitiers soumis à la culture forcée, dépend de la clôture hermétique de la serre pendant l'hiver.

Les arbres fruitiers qu'on se propose de forcer dans la serre, peuvent être plantés à l'intérieur ou à l'extérieur. Dans la serre représentée fig. 62, la vigne a été plantée dans la serre et conduite parallèlement au vitrage, sur un treillage très-léger en bois, ou sur un grillage en fil de fer. Dans la serre représentée fig. 63, le mur du fond est garni de pêchers en espalier plantés à l'intérieur ; un treillage, disposé en berceau à cet effet, reçoit une vigne occupant le milieu de la serre ; une seconde vigne est plantée en dehors dans la plate-bande qui règne le long du devant de la serre. Des ouvertures ont été ménagées dans la maçonnerie pour donner passage aux ceps de vigne. Une épaisse couverture de litière préserve du froid pendant l'hiver les racines de ces ceps et la partie des souches placée au dehors.

Les pêchers peuvent, comme la vigne, être plantés au dehors et introduits dans la serre par des ouvertures pratiquées à cet effet dans le mur antérieur ; ils sont conduits, dans ce cas, comme la vigne, le long de la surface intérieure des vitrages. La fig. 63 bis indique cette disposition. Les pêchers placés en dehors sont palissés à l'intérieur parallèlement au vitrage ; le mur du fond reçoit d'autres pêchers en espaliers, des cerisiers nains en quenouille garnissent le milieu ; l'inclinaison très-prononcée de cette serre permet un libre accès à la lumière tout en y favorisant la végétation et la fructification. Cette serre existe chez M. Salomon de Rothschild à Suresne. La partie du tronc qui reste au dehors doit être soigneusement recouverte de paille tordue et de chiffons, en même temps que la plate-bande est chargée de litière, afin que ni cette partie du tronc, ni les racines, ne souffrent des atteintes du froid. L'arbre ne végéterait jamais d'une façon satisfaisante si, tandis que la partie placée dans la serre éprouve une chaleur qui la force à entrer en végétation, le tronc et les racines étaient exposés à la gelée.

Les serres à forcer les arbres fruitiers reçoivent, selon leur largeur, un ou deux conduits de chaleur placés à égale distance du mur du fond et du mur de devant. Les divers systèmes de chauffage applicables aux serres de toute espèce, peuvent s'adapter aux serres à forcer ; toutefois il n'en est pas de meilleur pour ces serres que le thermosiphon.

On peut toujours ménager à l'intérieur d'une serre à forcer, une place pour les arbres nains en pots, et un ou plusieurs rangs de tablettes pour des pots de fraisiers. En France on accorde rarement une serre tout entière au fraisier ; il n'est forcé que comme récolte accessoire dans une serre chauffée par une autre culture. En Angleterre, spécialement aux environs de Londres, il y a des serres construites exprès pour forcer toute espèce de fraisiers, tandis que chez nous on force principalement la fraise des Alpes, des quatre-saisons, et accessoirement quelques variétés qui ne remontent pas. J. Rogers cite entre autres M. Nettleship, dont les serres uniquement consacrées aux fraisiers forcés en approvisionnaient le marché de Londres pendant toute la mauvaise saison. Le procédé suivi par les Anglais pour la *culture forcée du fraisier*, est exactement le même que celui que pratiquent nos jardiniers. On prépare en été le plant des fraisiers dans des pots qu'on place à l'ombre en plein air, en ayant soin de retrancher les filets et les boutons de fleurs dès qu'ils se montrent, sans les laisser se développer. On ne force jamais toute sa provision de plant à la fois, on doit toujours en avoir en réserve pour les forcer successivement.

Dès que les fraisiers sont introduits dans la serre à forcer, il faut les arroser largement et très-souvent. La place la plus rapprochée des vitrages est celle qui leur convient le mieux. Quand la floraison est commencée, il ne faut arroser qu'avec le bec de l'arrosoir, afin d'éviter de mouiller les fleurs, ce qui leur serait très-préjudiciable. M. Poiteau a proposé, comme un moyen certain de garantir les fraisiers forcés contre le dessèchement de la terre des pots, de placer sous chaque pot une soucoupe de terre remplie d'eau qui pénètrerait par le trou inférieur, en vertu de la capillarité. Ce moyen est excellent; mais avec un peu de soin et d'attention, le jardinier expérimenté n'a pas besoin d'y avoir recours; il peut toujours donner aux fraisiers forcés l'eau dont ils ont besoin, sans mouiller les fleurs ou les fruits. Nos meilleurs primeuristes n'emploient pas ce moyen.

Après avoir donné cet aperçu rapide, reprenons la description de la distribution d'une serre à forcer selon les usages de l'horticulture parisienne, et des soins de détail qu'exige le gouvernement d'une serre à laquelle on donne cette destination.

La partie antérieure de cette serre doit avoir de distance en distance de petits châssis de 20 à 30 centimètres de largeur, que nous nommerons *châssis secondaires*; ils doivent être placés le plus bas possible, leur usage est d'introduire l'air extérieur lorsqu'il est à la même température que celui de l'intérieur de la serre. Des ventilateurs correspondant à ces châssis secondaires seront pratiqués dans la partie supérieure du vitrage, ce qui permettra d'établir au besoin des courants d'air. Pour n'avoir plus à revenir sur ce sujet, nous plaçons ici tout ce que nous avons à dire sur la ventilation des serres à forcer.

La condition indispensable pour qu'un courant d'air venant du dehors puisse être impunément établi dans cette serre, c'est d'abord que le temps soit calme, et que la température extérieure, à l'ombre, soit égale à celle qui règne dans l'intérieur de la serre à forcer.

Il n'y a pas d'horticulteur qui soit plus pénétré que nous de l'influence bienfaisante de l'air sur la végétation. Cependant, nous devons le dire, plusieurs jardiniers croient devoir prodiguer l'air sans ménagement à leurs serres à forcer; nous ne saurions être de leur avis. Si l'atmosphère de la serre n'est point humide et qu'on donne trop d'air, il en résulte un excès de dessèchement préjudiciable à la végétation. Si l'air introduit est seulement un peu trop froid, la circulation de la sève se trouve en outre ralentie, et il en résulte des effets doublement pernicieux.

Depuis quelques années nous donnons moins d'air que précédemment à nos serres chaudes, et la végétation s'en trouve très-bien; les plantes se portent beaucoup mieux que lorsqu'elles étaient trop aérées. Nous avons fait placer toutes les plantes malades dans une serre à part, de 8 mètres 25 centimètres de long sur 3 mètres 70 centimètres de haut. Nous avons laissé le soleil échauffer cette serre jusqu'à 52 degrés et demi du thermomètre centigrade (42 de Réaumur), sans ombrager ni laisser entrer d'air du dehors, si ce n'est pendant trois ou quatre jours de très-forte chaleur, et nous avons donné un léger bassinage avec de l'eau mise d'avance à la température convenable. Non-seulement ces plantes ont poussé des jets vigoureux sans s'étioler, mais encore il est devenu impossible, au bout de très-peu de temps, de s'apercevoir qu'elles avaient été malades. Nous pensons que la *Poinciana pulcherrima* et d'autres plantes qui fleurissent difficilement seraient forcées de fleurir sous l'influence d'un semblable traitement ; nous nous proposons de continuer cette expérience pendant l'hiver.

On objectera peut-être que dans l'orangerie il faut donner le plus d'air possible pour la santé des végétaux qui ne sauraient s'y conserver s'ils n'étaient aérés largement. Mais les serres chaudes et les serres à primeurs sont dans des conditions entièrement différentes. Tandis que l'orangerie n'a d'ouvertures que sur sa façade, les serres, vitrées sur trois côtés, livrent inévitablement passage à l'air par les mille interstices du vitrage, quelque soin qu'on ait pu prendre de l'ajuster. Il ne peut s'établir dans l'orangerie de courant d'air capable d'en dessécher l'atmosphère ; il y reste toujours un degré suffisant d'humidité, même quand la température extérieure permet de la tenir constamment ouverte.

Dans la serre à forcer, il suffit bien souvent d'ouvrir les châssis de la partie supérieure seulement, lorsqu'il devient utile de laisser dissiper un excès de chaleur dont les plantes pourraient avoir à souffrir.

Long-temps on a prétendu que, faute d'air, les fruits avaient moins de volume et de saveur. L'expérience démoutre que la perfection des fruits dépend plus particulièrement de la lumière. Nous avons aussi entendu affirmer bien souvent que divers fruits, spécialement les raisins, privés d'air depuis le moment où le fruit est noué jusqu'à sa maturité, ont la peau (épicarpe) plus épaisse que les fruits exposés à l'air. Nous avons maintes fois mangé des raisins forcés dans des serres dont l'air n'avait point été renouvelé jusqu'au moment où ce fruit avait atteint sa grosseur ordinaire ; jamais nous n'avons pu reconnaître moins de saveur dans le fruit ou plus d'épaisseur dans son épicarpe, en les comparant à des raisins développés à l'air libre sur une treille en espalier à bonne exposition.

Un observateur attentif peut se convaincre que bien rarement une récolte de fruits manque dans la serre peu ou point aérée, tandis qu'elle manque bien souvent dans les serres où l'on donne de l'air sans nécessité, et sans cette prudence si indispensable pour tout ce qui touche le gouvernement d'une serre à forcer.

En exprimant sur ce point délicat une opinion différente de celle de beaucoup de praticiens, nous avons surtout pour but de provoquer des essais, en appelant sur la ventilation des serres à forcer l'attention des plus habiles de nos confrères.

Revenons aux détails de l'arrangement intérieur de la serre à forcer. Lorsque sa largeur le permet, après avoir palissé le long de la surface interne du vitrage la vigne ou les pêchers introduits du dehors, on couvre d'arbres semblables le mur du fond, garni d'un treillage. Si les premiers étaient conduits jusqu'au sommet du vitrage, la lumière serait interceptée trop complétement, et les arbres de l'espalier auraient trop à en souffrir ; on diminue cet inconvénient, qui pourtant subsiste toujours en partie, en ayant soin de ne pas laisser les arbres plantés en dehors couvrir plus des trois quarts et même les deux tiers de la surface antérieure du vitrage. La partie supérieure des châssis envoie, par ce moyen, une quantité à peu près suffisante de lumière sur les arbres en espalier.

Entre les deux murs d'une serre large seulement de trois mètres, il reste assez d'espace libre pour une rangée d'arbres nains, soit en pots, soit en pleine terre. Ces arbres sont ordinairement des cerisiers hâtifs (cerise anglaise, belle-de-choisy, etc.), ou des pruniers nains de reine-claude et de mirabelle. Les fruits forcés de cette dernière espèce sont excellents quand ils viennent à bien, mais ils sont fort sujets à tomber avant maturité, au moment où ils commencent à changer de couleur, contrariété qui trop souvent fait le désespoir du jardinier. La place que ces arbres nains occupent dans la serre peut être remplie par une ou deux rangées de petites plantes d'ornement, ou de fraisiers forcés dans des pots.

Les arbres en espalier, dans la serre à forcer, se plantent plus rapprochés qu'à l'air libre. Ceux qu'on introduit du dehors, pour garnir le devant de la serre, sont plantés dans une plate-bandes préparée, amendée et arrosée au besoin, comme les plate-bandes de tous les espaliers en plein air. Les arbres plantés dans la serre ont besoin d'une terre préparée exprès pour eux. Le meilleur engrais pour les arbres, c'est le terreau, soit de feuilles, soit de fumier d'é-table ou de bergerie. Tout engrais qui ne serait point passé à l'état de terreau, en épuisant toutes les phases de sa décomposition, ne fournirait pas immédiatement aux arbres forcés la nourriture dont ils ont besoin pour activer leur végétation.

La présence du fumier non décomposé dans le sol de la serre à forcer peut communiquer aux arbres à fruits une maladie connue sous le nom de blanc, ou meunier, qui couvre leur feuillage d'une sorte d'éruption sous forme d'une poussière blanchâtre, maladie toujours dangereuse et souvent mortelle pour le pêcher.

Le terreau doit être exactement mélangé avec la terre la plus substantielle qu'on pourra se procurer. Le sol de la serre sera formé de ce mélange ; on lui donnera une épaisseur proportionnée à la profondeur où peuvent pénétrer les racines des arbres.

On ne doit planter dans la serre à forcer que des arbres à fruit parfaitement sains, vigoureux, exempts de toute espèce de maladie. On s'attachera moins à choisir des arbres poussant fort en bois que des arbres montrant une grande disposition à se charger promptement de boutons à fruit ; ceux qui donnent trop de bois occupent inutilement un trop grand espace : la place est trop précieuse dans la serre à forcer pour que le jardinier ne doive pas la ménager avec tout le soin possible. Par la même raison on taillera les arbres dans le but de leur faire porter plutôt du fruit que du bois, sans craindre de les épuiser. Pour le surplus des soins de culture que ces arbres réclament, nous renvoyons aux ouvrages spéciaux dont nous avons donné la liste (voir page 83).

Lorsqu'on fait construire une serre à forcer d'une grande longueur, il est bon de la diviser en compartiments de 12 à 15 mètres chacun, séparés par des cloisons et pouvant être chauffés isolément à des degrés différents. C'est par ce moyen seulement qu'il peut y avoir une succession de récoltes de fruits forcés, depuis le commencement de décembre jusqu'à la pleine saison des fruits mûris à l'air libre.

Nous mentionnerons ici un moyen ingénieux de tirer parti du thermosiphon, pour introduire, dans la serre à forcer, l'air extérieur mis à une bonne température. Ce procédé est de l'invention de M. Weecks, ingénieur anglais. Des tubes d'environ 5 millim. de diamètre et 20 centimètres de longueur traversent de distance en distance, à angle droit, les tuyaux pleins d'eau chaude, dans lesquels ils sont solidement soudés. L'un des bouts des tubes à air ouvre au dehors, en traversant le mur ; l'autre bout ouvre dans la serre. Pendant son trajet à travers ce tube, l'air s'échauffe assez pour faire monter à 21 et 22 degrés (70 et 72 degrés Farrenheit) un thermomètre placé près de son ouverture dans la serre. Il s'établit, par ce procédé, une circulation d'air tellement rapide, que les feuilles des plantes éprouvent constamment un léger frémissement produit par l'ascension de l'air chaud continuellement renouvelé. On doit s'attendre à voir adopter généralement cet excellent système de ventilation, dont les résultats ont déjà confirmé les avantages.

Voici, parmi les arbres fruitiers, les variétés de chaque espèce qui se prêtent le mieux à la culture forcée.

Vignes. — Il n'y en a pas de préférable au chasselas de Fontainebleau. Le muscat blanc, gris et noir, et toutes les espèces hâtives propres au climat du midi peuvent être forcées dans la serre. En Belgique on donne la préférence au raisin noir de Frankenthal ; en France on force aussi beaucoup cette espèce. Les raisins de toute qualité sont généralement détestables s'ils ne sont complétement mûrs. Le raisin frankenthal est un fruit d'une rare beauté, qui se forme en grappes magnifiques composées de grains arrondis et très-volumineux ; dès qu'il est mangeable seulement, il trouve toujours des acheteurs à un prix élevé, avantage très-réel pour l'horticulteur de profession.

Pêchers. — On ne doit forcer que les variétés les plus précoces, telles que l'avant-pêche, la grosse-mignonne, la pêche-déesse, la madeleine, qui est d'une qualité supérieure, et qui se chauffe aussi avantageusement. La grosse-mignonne et la madeleine sont les meilleures espèces pour chauffer en grande primeur. On force aussi avec avantage le brugnon-violet, qui a l'avantage de se colorer.

Abricotiers. — L'abricot, comme nous l'avons dit, vient mal dans la serre ; son fruit tombe le plus souvent et n'acquiert jamais, par la culture forcée, une bien grande saveur. L'abricot précoce et quelquefois l'abricot-pêche se rencontrent pourtant dans les serres à forcer ; celui qui est préféré maintenant, parce qu'il ne se gerce pas, et qu'il a l'avantage de se colorer, est l'abricot-royal. En Angleterre on préfère une excellente variété de ce pays, connue sous le nom de moorpark, du lieu où elle a été obtenue.

Pruniers. — On force, dans les serres, les prunes demonsieur, de reine-claude et de mirabelle ; la couetsche est une des plus faciles et que nous recommandons sous tous les rapports.

Figuiers. — On force de préférence les deux variétés ordinaires à fruit vert et à fruit violet. Les variétés du midi, trop chargées de sucre, sont peu agréables au goût à l'état frais ; elles ne sont réellement bonnes que pour être séchées.

Cerisiers. — La cerise-anglaise et la belle-de-choisy sont les plus avantageuses à forcer pour vendre, à cause de leur beauté jointe à leur précocité ; mais l'amateur peut forcer successivement toutes les bonnes variétés de cerisiers.

Fraisiers. — La fraise keen's seedling et la fraise van Donckelaer sont les espèces que l'on force avec le plus d'avantages.

Résumons, en terminant, les points les plus essentiels de la culture forcée des arbres fruitiers de la serre. — 1° Il ne faut pas commencer à chauffer avant que tout soit parfaitement en ordre, et spécialement avant de s'être assuré que toutes les jointures sont exactement closes, et qu'il ne reste aucune ouverture par où l'air froid du dehors pourrait s'introduire. Durant les dix ou douze premiers jours on ne doit donner qu'une température graduelle et modérée. Si l'on chauffait trop vivement et trop brusquement, les arbres pousseraient des bourgeons étiolés, ou bien les boutons à fruit avorteraient et ne donneraient que du bois. Quand les arbres sont bien entrés en végétation, on entretient dans la serre une température de 8 à 10 degrés, la plus égale possible, jusqu'au moment où les fruits ont atteint le quart environ de leur volume. A partir de cette époque on porte la température de la serre de 12 à 15 degrés, mais toujours graduellement, insensiblement et sans brusque transition.

Le moment critique de l'opération est celui de la floraison des arbres forcés ; le moindre refroidissement fait manquer la fécondation et *couler* la fleur ; un coup de chaleur trop vif produit le même effet en sens contraire ; la fleur est brûlée, disent les jardiniers, c'est-à-dire qu'elle s'étiole sans porter fruit ; un moment suffit pour faire perdre toute une récolte.

La seule influence des rayons solaires au printemps donne quelquefois dans la serre une grande et subite élévation de température ; on laisse dans ce cas échapper l'excès de chaleur en ouvrant les panneaux supérieurs de la serre. On peut aussi, en cas de besoin, étendre les toiles sur les vitrages ; mais cela n'est que très-rarement nécessaire.

2° Les arrosages et seringages ne doivent être donnés que par un beau temps, avec beaucoup de prudence, en consultant l'état de la température et celui de la végétation. Cette opération se fera toujours le matin, avant que le soleil soit trop élevé sur l'horizon.

3° Les moyens de ventilation seront ménagés de manière à pouvoir toujours aérer suffisamment la serre sans exposer les arbres forcés à aucun refroidissement brusque et subit.

4° Les appareils de chauffage, quel que soit le système qu'on adopte, seront disposés pour donner la température la plus égale possible à toutes les parties de la serre.

5° Aucune précaution ne sera négligée, soit dans la construction des murs, soit dans la préparation du sol, pour prévenir un excès d'humidité funeste aux arbres fruitiers soumis à la culture forcée.

6° La lumière, sans laquelle on ne peut obtenir dans la serre autre chose que des fruits dépourvus de saveur et de couleur, quelque peine qu'on se donne d'ailleurs pour cultiver les arbres avec les soins les plus assidus, sera introduite sans obstacle, et tout ce qui pourrait intercepter les rayons solaires sera écarté autant que possible ; c'est un principe qu'il ne faut jamais perdre de vue : la lumière, c'est la vie même des végétaux.

§ IV.— Serres aux Ananas.

Les ananas peuvent être cultivés dans de simples bâches enterrées dans le sol semblables à celles dont nous avons donné une idée, pl. 2, fig. 23 *bis*. Mais le plus souvent on leur consacre des bâches et de petites serres construites à dessein pour ce seul usage et spécialement appropriées à cette culture, telles que celles représentées par les fig. 64, 65, 65 *bis*.

Les bâches et les serres aux ananas, qui ne diffèrent entre elles que par les dimensions, demandent l'exposition la plus chaude et la mieux abritée dont on puisse disposer. L'ananas est une plante qui n'a jamais trop chaud. Les Hollandais, qui ont cultivé les premiers l'ananas en Europe, donnaient à leurs bâches une très-grande profondeur au-dessous du sol ; aujourd'hui l'on a reconnu l'inutilité de cette méthode, on ne creuse plus les bâches aux ananas à plus de 70 centimètres au-dessous du niveau du sol. Cette profondeur ne doit pas être celle de la totalité de la serre, qui reste au niveau du sol environnant, mais seulement celle de la bâche proprement dite, construite au milieu de la serre, de manière à laisser un passage autour pour le service, fig. 64. Le fond de la bâche est occupé par un espace vide, d'environ 33 centimètres de profondeur ; c'est la place réservée pour les tuyaux de l'appareil de chauffage. Au-dessus de cet espace règne un plancher épais et solide en bois de chêne, sur lequel on place une couche de terre d'une épaisseur suffisante pour remplir la bâche. La serre doit avoir ordinairement, dans son ensemble, de 3 mètres 25 centimètres à 3 mètres 60 centimètres de largeur ; un sentier de 65 centimètres est ménagé le long du mur du fond ; un couloir de 33 centimètres seulement règne sur le devant, le reste de l'espace est occupé par la bâche aux ananas. Toutes les parties de cette construction doivent être d'une grande solidité, spécialement les chevrons et les châssis, dont le bois est exposé à l'action destructive d'une chaleur humide très-élevée.

Le système de chauffage artificiel remplace avec avantage le fumier et la tannée en fermentation, dont les émanations nuisent toujours à la santé du jardinier. On n'a point encore renoncé complétement à l'usage pernicieux de chauffer les ananas en remplissant de fumier en fermentation l'espace vide ménagé au-dessous de la bâche. Nous ne pouvons trop blâmer cette méthode, qui, lorsqu'il s'agit de renouveler le fumier dont la chaleur est épuisée et de remplir cette cavité de fumier neuf, compromet la santé des ouvriers en leur imposant un travail aussi pénible qu'insalubre. Plusieurs auteurs anglais, entre autres Kennedy et Speechly, qui ont écrit sur la culture de l'ananas, ont avancé que les émanations du fumier sont utiles à la végétation de ces plantes et à la destruction des insectes qui les attaquent. Nous pensons que c'est une erreur ; mais, cela fût-il vrai, comme on peut tout aussi bien par d'autres moyens faire végéter parfaitement les ananas et les préserver des attaques des insectes, l'usage du fumier en fermentation n'en devrait pas moins être abandonné. En Angleterre on chauffe depuis quelque temps les serres à ananas au moyen d'eau chaude circulant dans de larges rigoles ; n'ayant pas encore pu apprécier ce système, nous ne pouvons en connaître l'efficacité, nous le citons ici pour mémoire (voir pour plus de détails le *Traité sur le Thermosiphon* publié par M. Audot).

Les ananas n'entrent pas immédiatement dans la serre, le plant doit avoir été préparé sous châssis ; comme il n'a pas besoin, durant cette première époque de sa végétation, d'une température excessivement élevée, il n'exige point une construction spéciale. On emploie comme plant soit les œilletons qui naissent au bas de la tige, dans les aisselles des feuilles inférieures, soit les couronnes qui se forment à la partie supérieure du fruit. Les couronnes donnent toujours de plus belles plantes et du fruit plus vigoureux que les œilletons, et l'amateur cultivant pour son agrément ne doit pas employer d'autre plant que les couronnes ; mais le jardinier de profession préfère les œilletons, dont la végétation est toujours plus prompte que celle des couronnes. On peut aussi multiplier les ananas de graine, comme le font à Paris avec tant de succès plusieurs horticulteurs ; mais ce

moyen, très-lent, n'est guère employé que dans le but de conquérir des variétés nouvelles : souvent les semis ne donnent que des fruits sauvages et sans aucune valeur. Le plant d'œilletons ou de couronnes ne doit point être planté immédiatement au moment où on le détache ; la partie mise en terre est exposée à pourrir, si l'on n'a soin de laisser d'abord la plaie se cicatriser à l'air pendant une dizaine de jours : ce qui dispose le plant à émettre promptement de jeunes racines. On expose à cet effet le plant sur une tablette à l'action de l'air. Il y peut rester assez long-temps sans en souffrir ; du plant ainsi préparé est souvent envoyé d'Amérique en Hollande et en Angleterre, et il ne végète pas moins bien après un aussi long trajet.

On emploie pour les ananas élevés sous châssis, soit de la terre de bruyère pure, soit un mélange d'un tiers de terre de bruyère avec un tiers de terre franche et un tiers de terreau de feuilles, le tout parfaitement brassé et préparé long-temps avant le moment de s'en servir. A toutes les époques de leur croissance, les ananas veulent être tenus très-près des vitraux, soit sous les châssis, soit plus tard dans la serre, mais ils ne doivent jamais y toucher. Ils réclament, pendant le premier âge, une température de 20 à 25 degrés.

Les ananas sont mis d'abord pendant un certain temps dans des pots plus grands que ceux où le plant a été élevé, puis plantés à même la bâche, en échiquier, à environ 60 centimètres les uns des autres. Pendant la belle saison, ils veulent être arrosés souvent et largement. Tant que la température permet d'admettre l'air extérieur, on peut arroser la plante entière sans inconvénient ; l'action de l'air renouvelé ne manquera pas de faire évaporer l'eau répandue sur le feuillage. Mais du moment où la ventilation fréquente de la serre aux ananas n'est plus possible, il faut, en arrosant, s'abstenir de mouiller le feuillage. L'eau qui séjournerait dans les aisselles des feuilles pourrait engendrer des maladies dangereuses. On évite cet inconvénient en se servant d'un arrosoir sans gerbe, muni d'un bec très-long, qui permet de déposer l'eau au collet des racines, sans mouiller le reste de la plante.

L'ananas offre un exemple remarquable de la faculté que possèdent certaines plantes des tropiques de végéter dans un air stagnant, à une très haute température, comme nous l'avons dit en parlant de la ventilation des serres à forcer.

On obtient des ananas aussi parfaits que possible, en leur donnant très-peu d'air. On n'ouvre les châssis supérieurs qu'autant qu'il le faut pour laisser échapper au besoin un excès de chaleur, ce qui est rarement nécessaire. Les ananas ainsi élevés comme à l'étouffée sont excellents, parce que l'air stagnant leur permet de profiter constamment d'une humidité chaude que leur enlèverait un air trop souvent renouvelé. Nous avons vu chez M. Gabriel Pelvilain, jardinier du domaine royal de Meudon, des ananas ainsi traités, donner des graines fertiles en abondance; ces graines ont déjà produit de nouvelles variétés. Ces faits nous semblent démontrer jusqu'à l'évidence la supériorité de la méthode suivie par M. Pelvilain sur les anciennes méthodes; elle prouve non moins évidemment que l'ananas n'a pas besoin d'une atmosphère souvent renouvelée.

Les Anglais, fort experts dans la culture des ananas portée chez eux à un très-haut degré de perfection, faisaient encore usage il y a peu d'années pour cette culture de serres très-larges comprenant deux bâches semblables à celle que nous avons décrite; celle de devant était destinée au jeune plant, celle du fond aux plantes qui devaient fleurir et fructifier dans l'année. Aujourd'hui, ils préfèrent généralement des serres de la largeur des nôtres, contenant conséquemment une seule bâche. Les serres anglaises pour les ananas ont ordinairement trois compartiments chauffés à des degrés différents, et contenant des plantes de divers âges qui donnent une succession non interrompue de fruits mûrs en toute saison. Au mois de mars, les plantes en pots âgées de près d'un an sont dépotées et dépouillées de toutes leurs racines. On laisse les plaies se cicatriser à l'air pendant quelques jours, après quoi on replace les ananas dans des pots plus grands, plongés dans la tannée dont la bâche est remplie; il ne tarde pas à se former de nouvelles racines. Cette méthode est aussi très en usage en France, où les jardiniers la connaissent sous le nom de rempotage à nu.

Les plantes ainsi traitées peuvent supporter sans en souffrir une température de 40 degrés, pourvu que l'atmosphère de la serre soit tenue suffisamment humide. En octobre, on leur donne leur dernier rempotage, pour les mettre dans les pots où ils doivent fructifier.

Différentes recettes ont été proposées pour la destruction des insectes nuisibles aux ananas; voici celle que donne dans le *Fruit-Cultivator*, John Rogers, le doyen des jardiniers anglais, mort dernièrement à Londres à l'âge de

85 ans. Le moyen le plus simple et qui nous a presque toujours suffi, dit cet auteur, c'est de laver au moyen d'une éponge les ananas avec une forte infusion de tabac. Quand les feuilles en sont bien humectées, et avant de leur laisser le temps de se dessécher, on les saupoudre au moyen d'une houppe de coiffeur avec une poudre composée des ingrédients suivants :

Soufre vif. . . . . 500 grammes.
Camphre en poudre fine. 125
Sulfate de cuivre, id. 35
Suie tamisée au tamis fin. 250

Tous ces ingrédients doivent être exactement mélangés et préparés seulement au moment de s'en servir, pour prévenir l'évaporation du camphre.

John Rogers employait comme terre aux ananas le fumier épuisé des couches à melons, ou bien un mélange de terre franche, de gazon pourri et de fumier très-consommé par parties égales. La fig. 65 représente le modèle de serre aux ananas le plus usité en Angleterre.

La fig. 65 *bis* montre une serre à ananas établie chez M. Salomon de Rotschild à Suresne. La bâche placée à la partie la plus rapprochée des jours contient les ananas plantés en échiquier ; sur le mur du fond monte un cep de vigne dont les cordons se déploient à la partie supérieure ; trois tablettes placées près des vitres portent des fraisiers en pots.

Dans les serres où l'on force la vigne, les ceps ainsi que les branches sont enduits au pinceau d'une couche de chaux étendue d'eau ; cette précaution est prise contre l'attaque des insectes, qui, dans une serre à ananas surtout, auraient bientôt couvert le bois de la vigne.

§ V. — Châssis à forcer les plantes d'ornement.

Les plantes et arbustes d'ornement n'exigent pas pour être soumis à la culture forcée un genre spécial de serre exclusivement propre à cette destination. Le nombre prodigieux de lilas dont on hâte la floraison tous les ans pour en vendre les fleurs coupées, se forcent dans toute espèce de serre ; par exemple, on établit une bâche au milieu d'une serre tempérée ordinaire, on remplit cette bâche de bonne terre mélangée, des lilas de Perse bien chargés de boutons sont plantés très-près les uns des autres à même cette bâche, une chaleur modérée et quelques arrosages suffisent pour faire partir leur végétation ; ils sont en pleine fleur dès les premiers jours du printemps.

On force sans beaucoup plus de cérémonie dans de la terre de bruyère pure ou mélangée de terreau, des azalées, des rhododendrons, des kalmias et d'autres arbustes du même genre cultivés dans des pots, parce qu'on n'a pas pour but en les forçant d'en vendre les fleurs coupées, mais de vendre les arbustes fleuris. Une serre quelconque froide ou tempérée, se prête à cette culture, il suffit d'adapter un poêle à la serre froide ; quant à la serre tempérée, sa chaleur ordinaire suffit. Tous les végétaux de serre froide ou d'orangerie peuvent être forcés, rien qu'en les transportant dans la serre tempérée ou dans la serre chaude à l'entrée de l'hiver, et leur donnant du reste les soins de culture que réclament toutes les plantes de serre pendant leur végétation. Nous pouvons donc renvoyer le lecteur à ce que nous avons dit de chaque genre de serre dans les chapitres précédents.

Mais beaucoup d'horticulteurs, qui s'adonnent spécialement à la culture forcée des plantes d'ornement, ont, pour pratiquer cette culture, des châssis dont nous devons donner la description. Ces châssis veulent être placés à l'exposition du plein midi. Ils sont formés essentiellement d'un coffre en bois recouvert de panneaux vitrés. La proportion entre le côté le plus bas et le plus élevé doit être calculée de façon à donner au vitrage une inclinaison de 25 à 35 degrés. C'est par là surtout que la construction des châssis à forcer diffère de celle des châssis dont nous avons donné la description. A la place que les cadres doivent occuper, on creuse une tranchée un peu plus petite que leurs dimensions intérieures, afin qu'ils puissent être posés sur les bords de cette fosse sans faire ébouler la terre. La profondeur de la tranchée est subordonnée à l'épaisseur de la couche qu'on se propose d'y établir, et aussi à la grandeur des plantes qui doivent être forcées sur cette couche.

On peut employer avec succès pour remplacer dans ces couches le fumier d'écurie, les immondices ramassées dans les villes; les substances diverses dont elles sont formées fermentent très-activement et donnent une chaleur à la fois forte et durable; elles n'ont d'inconvénient que leur odeur beaucoup plus désagréable que celle du fumier ou de la tannée; aussi ne doit-on employer ces matières que lorsqu'on ne peut se procurer du bon fumier de cheval. Les panneaux posés sur les coffres qui recouvrent ces couches doivent s'emboîter de manière à pouvoir facilement être soulevés à volonté ou enlevés tout à fait au besoin. Ils doivent s'ajuster parfaitement et procurer à l'intérieur des châssis une clôture hermétique. Plusieurs de ces châssis mis l'un au bout de l'autre forment des lignes distantes entre elles de 50 centimètres. Les intervalles sont remplis de fumier en fermentation faisant l'office de réchauf, devant être par conséquent renouvelé quand la chaleur produite par sa décomposition est épuisée. Un bon système de chauffage artificiel à l'eau chaude remplit le même but que le fumier, avec infiniment plus de régularité et de propreté, infiniment moins d'embarras, et très-p u de frais de plus, sauf ceux de premier établissement.

On force avec succès dans ces châssis des *Ixora coccinea*, des *Gardenia*, des *Camellia*, des *Burchellia*, des Jacinthes et une foule d'autres plantes.

Les ixora et les gardenia s'y plaisent particulièrement.

Au Jardin-du-Roi nous les cultivons dans une serre convenablement ombragée, eu égard aux conditions des pays où ces plantes croissent naturellement dans des lieux humides et ombragés; nous leur donnons une terre de bruyère un peu tourbeuse; elles y viennent assez bien : mais jamais leur floraison n'atteint ce développement, cet éclat, cette perfection qu'elle acquiert par la culture sous les châssis à forcer, ainsi qu'on en voit de très-beaux exemples chez nos confrères.

Les plantes d'ornement, forcées sous châssis, réclament les soins de propreté et de ventilation nécessaires à toutes les plantes qui vivent dans toute espèce de serre ou de bâche. Pendant les grands froids, on couvre les panneaux de paillassons ou de litière longue; on prend enfin les précautions que nous avons indiquées pour prévenir à l'intérieur des châssis un abaissement de température qui ne pourrait manquer d'être funeste aux plantes forcées.

Les mêmes châssis, construits et chauffés de la même manière, servent à forcer en hiver les asperges et toute espèce de légumes de grande primeur. Dans ce cas les couches doivent être recouvertes d'un mélange de terre forte et de terreau, pour fournir une alimentation suffisante aux plantes potagères soumises à la culture forcée.

§ **VI.** — **C**loches et **V**errines.

Les cloches et les verrines font l'office de serres en miniature, en servant d'abri à quelques plantes délicates qu'elles font vivre dans une atmosphère à la fois humide et douce.

Personne n'ignore ce que c'est qu'une cloche de maraîcher formée d'une seule pièce de verre soufflée, de la forme d'une cloche de métal. Son usage principal est d'abriter des plantes cultivées sur couches, spécialement des melons. Aujourd'hui, la grande majorité des maraîchers qui s'occupent de la culture du melon a renoncé aux cloches sur couches; les bons melons ne viennent plus que sous châssis, et les acheteurs savent très-bien faire la distinction d'un melon cultivé sous châssis et d'un melon *de cloche.*

Pour donner de l'air aux plantes cultivées sous cloche, on soulève, au moyen d'un piquet taillé en crémaillère, le bord de la cloche tourné vers le midi. Les entailles de la crémaillère servent à graduer à volonté l'introduction de l'air sous la cloche.

Pendant les nuits fraîches, on étend sur les cloches des paillassons ou de la litière, afin que les plantes délicates qui végètent sous leur protection, n'aient point à souffrir d'un brusque abaissement de température capable d'arrêter tout court leur végétation.

Les cloches maraîchères sont aussi fort utiles dans la culture des plantes d'agrément pour donner aux boutures de certaines plantes une double protection. Il y a des plantes dont les boutures ne s'enracineraient jamais dans la bâche du châssis sans le secours d'une cloche, parce que, malgré les panneaux vitrés, il y a encore sous le châssis assez d'air pour les dessécher, et par conséquent les tuer, avant qu'il se soit formé de jeunes racines. Sous la cloche, dont on a soin d'enfoncer les bords dans la terre de la couche, il n'y a pas d'évaporation, pas de dessèchement possible; la plante attend sans souffrir la formation de ses racines qui lui permettent de supporter l'impression de l'air, en lui fournissant plus d'humidité que l'air contenu sous le châssis ne peut lui en enlever.

On connaît sous le nom de cloches à boutures des cloches de forme cylindrique, en verre non pas blanc, mais d'une nuance verte plus ou moins prononcée; toutefois, la plupart des horticulteurs font leurs boutures sous la cloche du maraîcher.

On nomme Verrine une autre espèce de cloche formée de pièces de verre assemblées par des bandes de plomb, terminées par un toit de forme pyramidale. Leur principal avantage sur les cloches d'une seule pièce consiste dans la facilité de faire ouvrir en vasistas un ou plusieurs des morceaux de verre plombés, ce qui permet d'aérer par en haut les plantes protégées par la verrine, tandis que les plantes sous cloche ne peuvent être aérées que par le bas. Les verrines sont beaucoup plus chères, mais aussi beaucoup plus durables que les cloches ; elles peuvent d'ailleurs être réparées aisément, avantage dont les cloches sont privées. Les verrines, d'ailleurs, peuvent être employées avec succès pour toutes sortes de boutures.

CHAPITRE ONZIÈME.

SERRES DE CONSTRUCTIONS DIVERSES. — JARDINS D'HIVER.

Il nous reste à parler des serres ou plutôt des palais élevés pour y abriter les grands végétaux exotiques qui, sous l'influence d'une température leur rappelant leur patrie, déploient leur belle végétation, moins luxuriante peut-être, mais cependant assez belle pour que le visiteur se croie pour quelques instants transporté sous le ciel de ces contrées les plus riches du monde végétal.

La culture des plantes exotiques dans les serres a fait de nos jours d'immenses progrès ; l'influence climatérique était l'obstacle le plus difficile à surmonter ; mais grâce aux excellentes combinaisons de chauffage allant toujours en se perfectionnant, grâce à des dispositions de serres mieux entendues, on est parvenu à vaincre, pour ainsi dire, la nature des végétaux les plus indociles.

Nous allons indiquer successivement divers modèles de serres de grandes proportions et de jardins d'hiver, remarquables, soit par leur disposition intérieure, soit par la forme avantageuse ou l'élégance de leur construction.

La serre, figures 66, 67, 68, 69, exécutée par M. Frolicher, architecte, s'élève dans un parc magnifique, à Suresnes, près Paris. Le plan fig. 66 n'a pas moins de 40 mètres de long sur 13 de large. L'élévation la plus grande, fig. 68, est de 7 mètres. On y plante des arbrisseaux en pleine terre de bruyère dans l'encaissement formé par les dalles A. On garnit, en outre, le sol des chemins T et les bords des encaissements de milliers de vases, d'où s'élèvent des plantes dont la floraison a lieu ou se prolonge durant la saison des froids. C'est donc un véritable jardin d'hiver des plus beaux que l'on puisse voir planté de rhododendrons, d'azalées, de camellias, de bruyères et d'autres arbrisseaux analogues.

Nous indiquons seulement, dans les figures, quelques-uns de ses ornements ; mais il y a beaucoup de sculptures que nous avons négligé de donner, parce que l'emploi ne peut en être fait que par des amateurs opulents auxquels ne manquent pas les architectes et décorateurs.

L'ornement le plus essentiel consiste dans les colonnes en fer b, dont l'élévation est représentée dans la fig. 68, avec les arceaux surbaissés qu'elles supportent et qui soutiennent tout le vitrage.

Voici la description des parties constitutives de cette serre :

a Poteaux en bois scellés dans la maçonnerie, et supportant avec les colonnes *b* les chevrons ou arbalétriers *c*.

Dans tous ces assemblages, des équerres en fer *e* sont placées pour maintenir l'ensemble.

f Châssis dormants.

g Châssis ouvrants logés à feuillure entre les poteaux.

h Couverture en zinc avec des rebords *i* pour rejeter les eaux de pluie aux extrémités.

On monte par les quatre escaliers L, fig. 66, sur les plats-bords *m* pour étendre les paillassons ou autres abris.

Ces escaliers donnent aussi accès pour arriver à des volières placées au-dessus des portes d'entrée *n* et situées à l'intérieur. Une rampe, fig. 67, facilite le service.

Cette serre appartient aussi au genre des serres froides, dans lesquelles il suffit de ne pas laisser descendre le thermomètre plus bas que 1 degré au-dessus de zéro. Beaucoup de plantes y sont introduites après avoir été portées à la floraison dans des bâches et châssis de primeur.

Elle est chauffée par quatre thermosiphons, fabriqués par M. Fontaine, de Versailles, et dans la forme indiquée dans le *Traité du Chauffage* de M. Audot, fig. 47 à 51. Ces chaudières ont 2 mètres de longueur. Elles sont placées au-dessous du sol dans de petits caveaux où l'on descend par les escaliers L, fig. 66. Les tuyaux s'élèvent au niveau du sol, qu'ils parcourent en suivant les murs jusqu'au milieu de la serre, d'où ils repartent pour retourner aux chaudières. Ce parcours a lieu entre l'encaissement A, fig. 66, 67, et les murs de la serre dans le conduit indiqué par la lettre *r*. Ils chauffent par conséquent chacun un quart de la serre. Ces tuyaux, en cuivre, sont méplats, de 32 cent. de haut et de 3 cent. d'épaisseur entre les doubles parois. On pourrait obtenir une plus grande chaleur en plaçant des repos de chaleur de forme cylindrique de 60 centim. de diamètre, de 50 centim. de haut, et percés au milieu de bas en haut d'une ouverture de 20 centim., pour laisser passer l'air. Il faudrait alors plus de temps pour échauffer la serre, mais elle retiendrait plus long-temps sa chaleur. Le combustible serait aussi plus utilement employé.

Sous les encaissements A qui suivent les murs et les vitrages latéraux, on devra pratiquer, de mètre en mètre, un conduit transversal de 10 centim. de haut et de 25 cent. de large pour fournir l'air qui viendra s'échauffer aux parois des tuyaux *r* et élever la chaleur dans la partie supérieure; autrement cette chaleur resterait concentrée dans le conduit *r*.

Une serre de cette étendue exige un chauffeur pour la nuit.

Pour parer aux accidents ou aux hivers très-rigoureux, deux calorifères ont été placés aux deux extrémités; mais on n'a pas encore trouvé l'occasion de les employer. Ces calorifères peuvent être remplacés par quatre poêles comme ceux que nous avons décrits, page 48, pour le jardin d'hiver de M. Fion.

La fig. 69 représente une vue extérieure de la serre, où l'on voit la façade servant d'entrée. Au-dessus de cette entrée, on a établi une grande tablette V, fig. 68, 69, masquant les plats-bords destinés au service. On la garnit de vases de fleurs.

Jardin Botanique et Serres de la Société Royale d'horticulture de Bruxelles.

L'art et le goût ont présidé merveilleusement à la disposition générale du jardin et des serres dont nous donnons une vue, fig. 70. Ceux qui ont pu admirer ce bel établissement ont pu seuls se faire une idée de l'aspect à la fois majestueux et élégant qui se présente aux regards lorsque, en quittant le boulevard du Nord, on pénètre dans cette vaste enceinte plantée de végétaux dont l'ordre méthodique et l'entretien remarquables appellent le savant et l'amateur, où l'eau jaillit de toutes parts, où s'élève comme un palais cette magnifique succession de serres. Le plan, fig. 71, va donner la disposition intérieure de cette suite de serres.

a Serre circulaire recevant les végétaux élevés des tropiques; — *b* salle d'exposition de la Société; — *c* bibliothèque, salon de lecture, salle de billard, café; — *d* pièces réservées pour recevoir et préparer les plantes devant figurer aux expositions; — *e* office desservant le café; — *f* cuisines, caves, cellier; — *g* couloirs de service; — *h* logements des jardiniers; — *i* foyers de chauffage et magasins du combustible; — *k*, *l* lieux de rempotages, resserres à outils, etc., et magasins des graines; — *m*, *m* orangeries; — *n* serre tempérée; — *o* serre chaude; — *p*, *p* bâches à ananas; — *q* bâche à multiplication pour les plantes d'ornement; — *r* bâche à multiplier les ananas; — *s* terrasse supérieure; — *t* terrasse inférieure; — *u* sol du jardin.

On voit que si la vue est frappée du bel ensemble du jardin botanique et des serres de Bruxelles, on reconnaît aussi qu'à l'intérieur de celles-ci, tout a été admirablement prévu et bien approprié aux vues de la Société Royale.

Modèle de Serre circulaire imaginée par feu M. Vander Straeten, architecte de Bruxelles.

Entièrement construite en fer et vitrée partout, cette belle serre, fig. 72, pourrait être destinée à cultiver en pleine terre les végétaux des tropiques de même que les pavillons du Jardin des Plantes de Paris, fig. 38 et 39, que nous devons rappeler également dans ce chapitre, comme modèles du genre, ainsi que les serres curvilignes, fig. 37 et 38. Une tringle en fer descendant du faîte de la serre, fig. 72, sert à ouvrir ou fermer le chapiteau mobile, faisant l'office de ventilateur dans la galerie *g*.

Les *Serres du jardin botanique de l'université de Louvain* ont du rapport, quant à la construction et à la forme, avec celle dont nous venons de parler; mais elles sont semi-circulaires et décorent la façade de l'orangerie, fig. 74; cette orangerie d'un très-bel effet réunit toutes les convenances exigées dans un bâtiment de ce genre, elle a été construite également sur les dessins et sous la direction de M. Vander Straeten. Les deux serres placées aux extrémités sont entièrement construites en fer, les calorifères sont placés dans les soubassements. Le plan, fig. 73, indique la disposition générale : A salon, B salle d'étude et bibliothèque, C orangerie, D serre chaude, E serre tempérée, F F couloirs ; les lignes ponctuées indiquent les tuyaux conducteurs de la chaleur ; dans les deux serres circulaires les tuyaux de chaleur circulent en suivant la même courbe que le mur d'appui.

En Angleterre, ce pays aux fortunes colossales pour lesquelles il n'est pour ainsi dire pas d'obstacles, les serres aux vastes proportions abondent ; on les y voit s'élever sous toutes les formes, plusieurs que nous allons citer ont coûté des sommes énormes et sont constamment l'objet de frais considérables pour y entretenir des végétaux venus de tous les points de la terre.

Le *Conservatoire circulaire*, fig. 75, est un des plus élégants que nous connaissions ; il a 22 mètres de diamètre et 13 d'élévation ; la ventilation a lieu au moyen de châssis ouvrants ménagés dans le mur d'appui, et d'une soupape établie au sommet du cône que forme le dôme ; cette soupape est mise en mouvement avec le poids *o* fixé au bout d'une chaîne que l'on voit au centre de la coupe, fig. 76 ; deux entrées opposées *e e*, fig. 77, donnent accès dans l'intérieur du conservatoire ; les allées *a a* de 2 mètres 30 cent. de large servent de carrefour aux sentiers *s s* d'un mètre 30 centim. ; les grands végétaux cultivés en pleine terre occupent la partie centrale *c* ; les arbrisseaux et arbustes moins élevés sont disposés avec art dans les bâches *b b*, lesquelles viennent s'appuyer contre une colonnade circulaire des plus élégantes ; enfin des tablettes *t*, disposées tout au pourtour de la serre, reçoivent des plantes en pots moins hautes en-core que celles des bâches ; cette gradation bien entendue permet à la lumière de pénétrer librement et de verser sa bienfaisante influence sur tous les végétaux.

Les fig. 78, 79 et 80 représentent l'élévation, la coupe et le plan d'une double rangée circulaire des *serres chaudes curvilignes du jardin botanique de Birmingham*. La partie A A A du plan, fig. 80, montre les fondations ; la partie A B B indique le parcours des tubes de chauffage, dont l'eau chaude ou la vapeur est fournie par les tuyaux principaux *k* venant du centre ; la partie B C A représente les bâches remplies de végétaux, et les allées recouvertes de plaques de fonte à jour. La construction de cette serre est fort simple ; nous allons donner les détails qui feront comprendre les dispositions intérieures :

Détails du plan, fig. 80 :

a, Quatre entrées donnant sur la terrasse sur laquelle repose la serre.

b, Portes intérieures correspondant aux premières et débouchant sur la cour de service, où peuvent être disposés des hangars pour les rempotages, etc.

c, Encaissements recevant des végétaux en pleine terre.

d, Tablettes occupées par les plantes en pots, et régnant dans toute la circonférence.

e, Bâches à quatre compartiments formant saillie en dehors, ainsi que l'indique l'élévation, fig. 78.

f, Bâches centrales à quatre compartiments, formant la saillie *m* montrée dans la coupe, fig. 79.

g, Sorte de tour élevé au centre et renfermant les appareils de chauffage situés en *p* de la fig. 79 ; — un magasin *q* et un réservoir *r* même figure, fournissant l'eau aux appareils de chauffage et à ceux d'arrosage. A la base de cette tour est un passage voûté pour le service des chauffeurs, et par lequel on arrive au moyen du tunnel *i* débouchant au dehors.

k, Tuyaux principaux fournissant l'eau ou la vapeur aux tubes secondaires.

Détails de la coupe, fig. 79, étant une section du plan de *i* par les points *g* et *k* jusqu'au point *a* :

l, Bâches de la circonférence; *m*, bâches centrales.

n, Tunnel; *o*, tubes de chauffage sous les chemins.

pp, Deux appareils de chauffage; un seul suffit à distribuer la chaleur dans toutes les parties de la serre; mais un second est nécessaire pour suppléer à l'autre en cas d'accident, ou pour augmenter le chauffage durant les froids trop rigoureux.

q, Magasin; *r*, réservoir.

s, Chemins à l'intérieur de la serre.

t, Galerie supérieure régnant sur toute la serre pour le service des paillassons.

u, Tubes percés de milliers de trous capillaires, permettant de former une pluie fine qui se répand dans toute la serre.

v, Tablettes recevant les plantes en pots.

x x, Sol extérieur.

La fig. 78 est l'élévation de cette serre, prise vis-à-vis d'une des quatre entrées.

Conservatoire ou Jardin d'hiver en fer à toit vitré à La Grange dans le Hampshire.

Cet élégant édifice, fig. 81, n'a pas moins de 32 mètres de long et 15 mètres de large à l'extérieur. Les encadrements des vitres sont faits de fer forgé et de barres de cuivre; toute la toiture, composée en entier de métal et de verre, est supportée par des montants en fonte communiquant à des gouttières de même métal; au-dessus des allées *eee*, fig. 82, règnent des arcades formées de doubles plaques de tôle *fff*, entre lesquelles l'air circule, prévenant ainsi la perte de calorique; au-dessus de ces cintres sont ménagées des plates-formes permettant d'ombrer la serre et de faire les réparations nécessaires. Les vitres composant les toits sont disposées d'après un système qui consiste en un plombage percé de trous, ce qui non-seulement empêche les carreaux de se briser par l'effet des gelées, mais sert aussi à conduire au dehors toute l'eau résultant de la condensation de la vapeur à l'intérieur du conservatoire. L'édifice s'appuie sur quatre rangées de colonnes en fer creux *i*, par lesquelles s'écoule l'eau des pluies, après qu'elle a été reçue dans les rigoles ou gouttières *o*, que l'on voit au-dessus de chaque colonnade; cette eau vient ensuite se rendre dans un réservoir souterrain; la façade et les deux extrémités du bâtiment sont formées de portes vitrées, élevées de 5 mètres 50 cent., dont les intervalles sont consolidés par des pilastres en briques revêtus de ciment romain et surmontés d'un entablement également en briques. A l'exception de la maçonnerie, cette serre a été expédiée toute faite d'une manufacture de Birmingham.

La serre dont nous donnons le modèle, fig. 83, 84 et 85, pourra être considérée comme un véritable jardin d'hiver, puisque les plantes y seront toutes en pleine terre. Cependant nous ne l'avons pas classée avec les jardins d'hiver des fig. 32 à 36, parce qu'elle est disposée de manière à con-

— 104 —

tenir beaucoup d'arbrisseaux grimpants, et que, pour en avoir une collection variée et fleurissant abondamment, il faut la température de la serre tempérée.

Plantes volubiles que l'on peut cultiver dans cette serre pour garnir le fond et les arceaux.

Bignonia jasminifolia.
    jasminoides.
    Manglesii.
    pandorea.
    twediana.

Canavalia bonariensis.
    rutilans.

Ceropegia elegans.

Dioclea glycinoides.

Dolichos lignosus.

Hardenbergia macrophylla.
    monophylla.

Kennedia bimaculata.
    coccinea.
    longiracemosa.
    nigricans.
    pannosa.
    rubiconda.

Mendevilla suaveolens.

Manettia bicolor.
    cordifolia.
    splendens.

Mimosa prostrata.

Passiflora edulis, dont on mange les fruits lorsqu'ils commencent à devenir pourpres.
    kermesina.
    Ludoni.
    palmata.

Phaseolus Caracalla.

Physolobium Mariatæ.
    Sterlingii.

Plumbago capensis.

Rubus reflexus.

Tropæolum tricolor.
    pentaphyllum.

Twedia cœrulea, etc.

Et toutes les jolies plantes grimpantes du Cap, de la Nouvelle-Hollande, du Chili, etc.

La fig. 83 représente le plan, où il est facile de distinguer les chemins. La serre pouvant être enclavée dans la façade sud d'une habitation, ou entre deux pavillons, les portes d'entrée seront placées aux deux extrémités où l'on aura accès par une salle à manger d'un côté et une salle de billard de l'autre. Au centre sera un bassin destiné aux plantes aquatiques, et au fond un banc.

Fig. 84. Coupe transversale prise sur la ligne A B du plan. Des piliers légers en fer fondu soutiendront des arceaux en fer formant deux rangées, l'une s'appuyant sur le mur de devant et l'autre sur le mur du fond.

Fig. 85. Coupe longitudinale prise sur C D. Les murs seront entièrement tapissés de plantes grimpantes.

Les végétaux volubiles enlaçant les arceaux devront être assez légers pour ne pas priver de lumière les végétaux des plates-bandes ; il résultera de tout cet ensemble un aspect aussi charmant que peu usité.

Serres de M. L. Van Houtte, à Gand.

Tous ceux qui s'occupent de cultiver les plantes savent que Gand est le berceau de l'horticulture belge, comme le pays de Vaes en est celui de l'agriculture, et que de cette ville a surgi la première Société horticole mère de toutes celles qui se sont formées dans le monde depuis 1808. Chacun des habitants de cette heureuse cité, s'il n'est jardinier lui-même, est toujours un amateur zélé qui connaît les plantes par leur vrai nom et est au courant des nouveautés qui incessamment viennent prendre place dans les splendides jardins qui font l'honneur et la gloire actuelle de la ville de Charles-Quint.

Aux noms des Donkelaer, des Verschaffelt, des Van Geert, etc., est venu se joindre celui de M. L. Van Houtte. Jeune encore, cet infatigable praticien, plein de savoir et d'amour pour la science qu'il affectionne, a su créer en quelques années un riche établissement recelant tous les végétaux connus et dignes d'être cultivés. Les nombreuses serres qui s'élèvent dans cette vaste enceinte doivent être citées pour leur construction bien entendue et les heureuses améliorations que M. Van Houtte a su y introduire. Nous donnons l'idée de quelques-unes par les fig. 90, 91, 92, 93 (planches 22, 23).

Dans ces serres, les supports qui, à droite et à gauche, portent les tablettes qui reçoivent les plantes, sont des sortes de grilles en fer fondu n'ayant pas plus de 3 centim. d'épaisseur; le nombre des barres verticales posant sur le sol et maintenant la barre transversale qui supporte les tuyaux de chaleur est proportionné à la largeur des grilles. Ces supports, imaginés par M. Van Houtte, sont fixés à des distances assez rapprochées le long du mur d'appui; ils peuvent porter un poids assez considérable et ont l'avantage d'ajouter à l'élégance intérieure de la serre où on les admet. A l'extérieur de ces serres et entre chaque panneau est fixée sur champ une barre de bois *b*, fig. 90, 91, dont le but est de maintenir des couvertures de bois léger munies en dessous de traverses, puis goudronnées et servant à ombrer les plantes; ces couvertures sont retenues en contre-bas par une autre tringle *c* parallèle au mur antérieur, laquelle est assujettie de telle sorte qu'une distance ménagée entre cette tringle et le cadre qui reçoit les panneaux permet à l'eau qui tombe sur la serre de s'écouler dans une gouttière *g* qui la conduit dans un réservoir commun.

La fig. 90 est disposée pour recevoir les plantes de collection, telles que Calcéolaires, Pélargoniums, Camellias, etc. Les gradins dressés sur le milieu pour poser les pots sont soutenus de distance en distance par de forts montants *m* en bois scellés dans le sol; l'écartement des gradins est maintenu de loin en loin par des tringles de fer assez fortes *t*. Les supports *ss* saillants de 50 centim. en dehors des gradins supérieurs portent une tringle de fer courant sur toute la longueur de ces gradins et sur laquelle se pose l'échelle pour que le jardinier puisse opérer les arrosages, les déplacements, etc. Le parcours de la fumée du calorifère a lieu dans la serre par le conduit *f*. Ce conduit pourrait être utilisé pour amener dans la serre un courant d'air tiède au moyen de cylindres qui, le traversant de part en part, puiseraient l'air atmosphérique extérieur qui s'échaufferait au passage et admettraient dans la serre une chaleur saine et un air constamment renouvelé. L'inclinaison de ce genre de serre ne doit pas dépasser 40 degrés, car les végétaux qui y doivent entrer demandent à être placés près des verres, et une plus haute élévation aurait pour résultat de faire produire aux plantes des tiges grêles et sans force, des fleurs petites et sans éclat.

La *serre courbe*, fig. 92, 93, est entièrement formée de fer forgé ou étiré et de verre; elle offre à sa base une largeur de 4 mètres 30 centim.; l'élévation, du sol au point le plus élevé de la courbe, est de 3 mètres 50 centim.; les chemins ont 70 centim. de large; la bâche *b* du milieu, destinée à recevoir les Palmiers et autres végétaux des tropiques en pleine terre, a 1 mètre 60 centim. de large. A un des bouts de cette bâche, en *c*, est ménagé un espace rempli d'eau où croissent les Nymphéacées. M. Van Houtte a fait construire plusieurs serres courbes ainsi disposées, mais dont le cintre plus surbaissé permet d'y cultiver des végétaux qui ne sauraient prospérer loin du vitrage: telles sont les Orchidées, les Aroïdées, les Broméliacées, etc.

Les serres du célèbre M. Jacob Makoy, de Liége, sont aussi très-remarquables et au nombre des plus riches de la Belgique; elles sont construites avec ce goût judicieux qui distingue particulièrement cet habile horticulteur. Chacune nous a paru parfaitement appropriée à la culture des végétaux souvent rares et précieux qu'elle abrite. La disposition particulière de la charpente du vitrage nous a semblé une innovation assez récente pour être citée; nous avons essayé de l'indiquer par la fig. 94. Les chevrons *c*, au lieu d'être situés au-dessous des panneaux *p* et de les soutenir ainsi que cela se pratique d'habitude, sont fixés en dessus sur les cadres et reçoivent entre eux des claies ou les couvertures en bois léger dont nous avons parlé aux serres de M. Van Houtte, et qui sont en usage dans toute la Belgique pour ombrer les serres. Cette construction est supportée en dessous par des arbalétriers transversaux *a* en bois ou en fer vissés fortement sur les chevrons eux-mêmes; c'est le contraire de ce qui s'est fait jusqu'à ce jour.

Serres établies à Bierbais, près Bruxelles, chez M. le baron Deman de Lennick.

En Belgique comme en Angleterre, plus qu'en France, on attache une grande importance à la construction des abris qui doivent recevoir les végétaux qui ne sauraient vivre en plein air sous les climats tempérés. Les serres sans nombre qui couvrent le sol des deux Flandres et du Brabant en font foi : horticulteurs-amateurs et horticulteurs de profession rivalisent de zèle à ce sujet. Cependant, bien que les serres de ces derniers soient souvent érigées avec une certaine recherche, elles n'acquièrent pas ce degré de splendeur architecturale ou d'élégance qu'on ne peut aborder pour des serres marchandes, obligés que sont les chefs d'établissement de former des serres spéciales pour chaque grande famille de végétaux qui, croissant sous des latitudes et dans des conditions fort variées, demandent à être traités avec des soins analogues à ceux que leur prodigue la nature dans leur patrie. Mais les hommes opulents, pour lesquels la floriculture est un délassement et une source d'enseignements, n'étant pas soumis aux mêmes obligations, peuvent élever de ces palais où l'art s'allie au besoin des végétaux, où le bon goût vient en aide à la science mathématique du constructeur. Un des plus beaux modèles dans ce genre sont les belles serres de M. le baron de Lennick, fig. 95, 96, se déployant sur une longueur de près de 430 mètres. Le pavillon du milieu, où sont renfermés pleins de vie et de santé des végétaux de serre chaude ayant l'apparence d'une forêt, a 13 mètres 50 centim. d'élévation sur une largeur de 10 mètres, et rappelle par sa structure les grands pavillons du Jardin des Plantes de Paris. Les pavillons servant d'orangerie et celui du milieu sont liés entre eux par deux serres tempérées. En retour sont situés un pavillon moins élevé servant de salon de repos, puis trois serres destinées aux Pélargoniums, aux Palmiers et aux Orchidées. Toutes ces serres, entièrement construites en fer et vitrées de tous côtés, à l'exception des orangeries, ont été élevées sur les dessins et sous la direction de M. Petersen, dont le talent comme architecte et comme jardiniste s'est plus d'une fois dévoilé sur le sol de la Belgique.

La culture et la beauté, même considérées individuellement, des myriades de plantes qu'abritent ces serres, la tenue irréprochable de celles-ci, leur magnificence ressortant au milieu d'un des plus beaux parcs que nous ayons vus, toute cette propriété des plus richement pourvues de ce que la nature et l'art ont de plus rare et de plus splendide, font de ce domaine une de ces merveilles que l'on n'ose décrire dans la crainte de rester au-dessous de la réalité.

Grand Conservatoire de Chatsworth, résidence de Sa Grâce le duc de Devonshire, fig. 86, 87 et 88.

Construite entièrement sur les dessins et sous l'habile direction de M. Paxton, que la science horticole compte au nombre de ses plus zélés praticiens, cette serre gigantesque offre à sa base 93 mètres de long sur 45 de large; elle couvre un espace de 4,000 mètres carrés. L'encaissement, ou mur d'appui, a 1 mètre 30 cent. de hauteur au-dessus du sol et mesure 2 mètres 25 cent. d'épaisseur aux fondations. L'élévation du sol à la partie la plus élevée du dôme est de 20 mètres; le demi-cercle formant le dôme *a a*, fig. 87, a 22 mètres d'ouverture, et vient s'appuyer, à l'intérieur,

sur des colonnes *b* en fer creux, conduisant dans un réservoir souterrain l'eau des pluies qui tombe sur la serre. Ce conservatoire est entièrement construit de verre et de sapin du Nord; chacune des pièces de bois a été immergée à l'avance dans une certaine quantité de sublimé corrosif dissoute dans des cuves remplies d'eau, moyen de conservation qui semble efficace, car, depuis 1841 que cette serre est terminée, aucune des parties de la charpente ne s'est encore gercée. Le vitrage du Conservatoire est disposé selon un système imaginé par M. Paxton, dit système à sillons (*Paxton's ridge and furrow system*). La fig. 86 et la fig. 89 A indiquent la disposition de chaque morceau de verre (*sheet glass*), B montre la coupe des panneaux formant alternativement un angle rentrant et un angle sortant; ce système a pour but de faire profiter la serre de tous les rayons solaires, qui, se trouvant ainsi brisés, forment des faisceaux qui se projettent à l'intérieur; il a pour but aussi d'arrêter ces rayons, quelle que soit la hauteur du soleil sur l'horizon. Chaque morceau de verre a 1 mètre 30 cent. de long sur 16 cent. de large; son épaisseur varie de 2 millim. à 2 millim. 1/2; la quantité de verre employée est de 20,000 mètres carrés.

Les bois qui maintiennent les feuilles de verre ont été coupés au moyen d'une machine à vapeur; la fig. 89 C en donne une section de grandeur naturelle. Au sommet du dôme est une galerie de service *c* fig. 88, à laquelle on monte par de petits gradins en bois placés entre les sillons du dôme.

A l'intérieur est une galerie élégante *d d* suspendue à la base du dôme, et à 8 mètres 50 cent. du niveau du sol, à laquelle on arrive par un sentier creusé dans une masse de rochers s'élevant à 10 mètres, et qui se présente tout d'abord à gauche en entrant dans le Conservatoire par la porte du nord (fig. 88). Le visiteur, en pénétrant dans le Conservatoire, est surpris à la vue de la quantité innombrable de plantes exotiques réunies de tous les points du globe. Le savant et l'amateur se demandent quelle est la fortune qui a pu grouper ainsi un tel assemblage de végétaux aux formes hardies et curieuses. L'amour du bien a pu seul conseiller à Sa Grâce le duc de Devonshire, d'élever un palais végétal à cette gracieuse science si utile au bonheur des hommes : à l'Horticulture. Le digne usage qu'il fait de son opulence se dévoile à chaque pas que l'on fait dans son immense parc, renfermant 18 serres, où les végétaux les plus rares des deux Amériques et des contrées de l'Asie croissent séparés par un mince vitrage des végétaux de nos climats ; le talent bien connu de M. Paxton seconde admirablement les vues élevées du duc de Devonshire. Tous deux exercent une hospitalité aimable et empressée envers le moindre visiteur curieux d'admirer ces richesses sans nombre.

Le système de chauffage mis en œuvre pour chauffer le grand conservatoire est le thermosiphon[*] ; huit chaudières conduisent l'eau chaude vers tous les points de la serre, au moyen de tubes qui, s'ils étaient joints l'un à l'autre, s'étendraient sur une longueur de 4,800 mètres. Le service des chaudières se fait par le moyen d'un tunnel sou-

terrain o, fig. 87, pratiqué en dehors et sur trois côtés du mur du Conservatoire à l'ouest ; ce tunnel à 1 mètre 25 cent. de large sur 2 mètres 50 cent. de hauteur, il est en communication avec le magasin de houille n, fig. 88, construit en dehors de l'enceinte du jardin de fleurs qui entoure le Conservatoire ; un chemin de fer conduit les chariots portant le combustible ; les lignes ponctuées à l'intérieur de la serre, fig. 88, indiquent le parcours de la fumée (voir aussi $g\,g$, fig. 87), laquelle va se perdre par le côté Est, à quelque distance au milieu des arbres, après avoir passé sous le jardin de fleurs. Vingt-quatre réservoirs ou poêles d'eau r fig. 88, sont en communication avec les tubes d'eau en circulation. Quatre thermosiphons l, même figure, donnent l'eau chacun à dix tubes circulant autour de la serre près des murs $e\,e$, fig. 87 ; les quatre autres m, fig. 88, alimentent des tubes également au nombre de 10 pour chaque chaudière, et parcourent les quatre espaces indiqués sur le plan, fig. 88, au-dessous des colonnes, et que l'on voit aussi en $f\,f$, fig. 87. L'eau nécessaire au chauffage est, ainsi que celle des arrosages, fournie par un réservoir naturel situé sur une éminence. L'eau des arrosages arrive par un tuyau en fonte caché sous chacun des chemins ; pour arroser, on visse un tube en cuir à des ouvertures ménagées au bord des massifs, comme en i, d'où l'on peut, à volonté, faire jaillir l'eau à 12 mètres de hauteur. Des tubes d'eau dissimulés conduisent l'eau jusque sur le bord de la galerie $d\,d$, ils servent, lorsque le besoin l'exige, à former une pluie fine qui, venant humecter les parties aériennes des plantes, contribue à les tenir dans un état luxuriant de végétation. La ventilation a lieu par des

[*] *La Pratique de l'Art de chauffer*, publiée par M. Audot, donne en détail la description des appareils employés par M. Paxton dans cette vaste serre renfermant une masse d'air de plus de 16,000 mètres cubes.

trappes s'ouvrant dans le mur d'appui; les ventilateurs supérieurs, ménagés dans le faîte, se manœuvrent au moyen de chaînes. Les appareils de chauffage, les tuyaux destinés aux arrosages, les ventilateurs, tout ce qui peut rappeler l'art est dissimulé aux yeux dans ce vaste espace, où pour quelques instants on peut se croire transporté dans une de ces forêts vierges des zones tropicales. L'allée principale, allant du nord au sud, a 3 mètres 30 cent. de large, et permet de s'y promener en voiture.

Un goût judicieux a présidé à la plantation de ce merveilleux jardin : les végétaux y ont été distribués eu égard à l'exposition et à la chaleur émanée des tubes ; c'est ainsi qu'en entrant dans le Conservatoire par la porte du nord, et en suivant l'allée principale, on voit se succéder : à droite un bois d'orangers, l'*Agave americana*, le *Bignonia pentaphylla*, le *Malvaviscus arborea*, le *Sparmannia africana*, le *Stachytarpheta mutabilis*, l'*Ardisia crenulata*, les *Araucaria excelsa* et *brasiliensis*, un fort pied de *Phœnix dactilifera* de 5 mètres de haut, le *Pterospermum acerifolium*, le *Dracæna arborea*, le *Latania rubra*, etc.; à gauche la masse de rochers dont nous avons parlé, plantée de *Psidium montanum* et *cattleyanum*, d'Orangers, de Fougères, de *Dracæna*, de *Dorianthes excelsa*, de *Ficus repens*, et aux pieds du rocher un étang encadré de stalactites, et bordé de *Caladium odorum*, *violaceum* et *esculentum*, *Cyperus papyrus* et *alternifolius*, de *Nelumbium speciosum*, de *Canna*, *Hedychium*, de *Nymphéacées*, etc.

Au centre, à l'ouest, on distingue deux parties de rochers d'une moins grande étendue, couverts de *Zamia horrida*, *caffra*, *tridentata* et *pungens*, de *Chamœrops humilis*

de 8 mètres de hauteur, de *Cycas circinalis* et *revoluta*, de *Charlwoodia congesta*, etc.; l'allée transversale est bordée dans sa longueur à droite et à gauche de *Musa paradisiaca* de 10 mètres d'élévation, de *M. sapientum*, *Urania speciosa*; puis en reprenant l'allée principale, on remarque un fort pied de *Corypha umbraculifera* de 10 mètres de haut et de 2 de circonférence, un *Cocos coronaria* de 10 mètres, une plantation de *Nepenthes distillatoria* très-beaux, des *Brownea grandiceps*, des *Strelitzia reginæ* et *juncifolia*, l'*Eranthemum pulchellum*, le *Franciscea uniflora*, le *Petrœa volubilis*.

En avançant vers le sud se déploient, le *Latania borbonia*, un groupe de *Xylophylla latifolia*, *Croton variegatum*, *Ruellia sabiniana*, *Melastoma robusta*; des *Brexia spinosa*, *Clavija latifolia*, le *Caryota urens*, le *Pandanus odoratissimus*, le *Corypha australis*, le *Bambusa arundinacea*, le *Rhapis flabelliformis*, quelques *Chamœdorea schiedeana*, des *Theophrasta Jussieui*, *Saccharum officinarum*, *Astrapœa Wallichii*, *Magnolia odoratissima*; *Carica Papaya*, etc.; puis enfin, au sud-ouest, un bois de forts pieds de *Musa Cavendishii* sur l'un desquels on a cueilli, en 1842, 288 fruits, etc., etc.

Tous ces végétaux sont cultivés en pleine terre ; l'aspect vigoureux et luxuriant qu'ils présentent, prouve d'une manière incontestable la supériorité de ce mode de culture en serres lorsqu'elle est secondée par l'intelligence savante et par des soins bien entendus.

Durant 1837 à 1841, 500 hommes furent constamment employés à la construction et aux dispositions intérieures de cette vaste serre[*].

* Nous devons à l'obligeance de M. L. Schneeberger, horticulteur, les détails qui nous ont servi à la description de cette serre.

Nous devons mentionner ici le goût qui se répand dans toute l'Europe pour les jardins d'hiver. On a beaucoup parlé d'un don de 3 millions de francs fait par le roi de Prusse pour la construction d'un *jardin d'hiver à Berlin*, lequel n'aurait pas moins de 260 mètres de long sur 200 de large; depuis long-temps il existe une serre de ce genre à Breslau. — A Paris divers projets ont été déposés à l'intendance de la liste civile, pour un jardin public fermé; bientôt sans doute aurons-nous nos *Tuileries d'hiver* où la mode étalera ses caprices, où la fine causerie viendra s'établir sous les arbres venus de nos colonies. — On construit en ce moment dans le *jardin botanique de Kew*, à 10 kilomètres de Londres, un *Conservatoire* dans le genre de celui de Chatsworth; il aura 65 mètres de long, 32 de large et 16 de haut; une large allée ménagée au milieu permettra aux voitures d'y pénétrer. Cette serre sera chauffée par les deux systèmes combinés de l'eau chaude circulant dans des tubes et dans des canaux.

Ici se termine la série de notions que nous avions à exposer sur les divers genres de serres et les soins qu'exigent les plantes cultivées sous leur abri. Au moment où nous écrivons, le nombre des serres s'accroît sensiblement, ainsi que le nombre des amateurs capables d'apprécier les plaisirs dont la culture des plantes de serre peut être la source. Nous sommes heureux de penser que notre longue expérience n'aura pas été inutile même aux vieux praticiens comme nous, et que ce livre pourra servir de memento à ceux qui savent, de guide à ceux qui désirent savoir.

Chauffage des serres par le calorifère à air chaud.

Nous mentionnons ici une serre que M. Delacretaz, propriétaire à Vaugirard, vient de faire construire, et qui nous a semblé ne rien laisser à désirer sur aucun point.

Cette serre est divisée en trois parties; elle a une longueur totale de 33 mètres, non compris le vestibule, qui sert à faire les rempotages; sa largeur est de 14 mètres 80 cent.; sa hauteur, sur le devant, est de 2 mètres, et, sur le derrière, de 4 mètres 50 centim.

Le vitrage extérieur, ainsi que celui des cloisons intérieures, est formé de verre double-blanc de Choisy-le-Roi; chaque feuille de verre est assujettie entre deux mastics ayant seulement 2 millim. de recouvrement; ce recouvrement est lui-même contre-mastiqué intérieurement. Dans le haut du mur du fond sont établis des trous ronds fermant avec un volet pour ventiler à volonté, service qui consiste à tirer une corde retombant dans l'allée de la partie antérieure de la serre : je n'avais pas vu encore une ventilation aussi simple et aussi commode que celle-là.

La serre chaude a 12 mètres de long; presque toutes les plantes y sont en pleine terre; dans cette serre s'élève un rocher magnifique au pied duquel se dessine une petite pièce d'eau de forme anglaise.

La serre aux Pélargonium a 10 mètres de long; au milieu règne une rangée de gradins en bois.

La serre aux Camellias, etc., de la longueur de 11 mètres, est presque totalement plantée en pleine terre.

Sur le devant de ces trois serres sont des bâches formées avec des dalles de 6 à 7 centim. d'épaisseur. Cette serre a été construite avec du Pich-Pin, espèce de Pin très-résineux qui vient de la Virginie; son bois est très-lourd et est celui de tous, m'a dit M. Delacretaz, qui absorbe peut-être le moins d'eau; il résiste mieux que le chêne à l'action destructive de l'air et de l'humidité. M. Delacretaz le considère comme le bois le plus convenable pour ce genre de construction, lorsqu'il n'y a pas beaucoup d'assemblages à faire, comme par exemple pour les serres chaudes, où le dessus peut être sans châssis mobiles.

Ces serres sont chauffées au moyen d'un calorifère à courant d'air chaud, pareil à celui qui existe dans les serres du Jardin botanique d'Orléans, dirigées par M. Delaire; ces calorifères ont été fournis par M. Jumentier fils, chaudronnier-fumiste à Orléans.

Ce mode de chauffage est un des meilleurs que l'on connaisse. Ce calorifère est établi dans une cave au-dessous de la serre, l'air à chauffer est pris dans cette cave et parcourt l'intérieur du calorifère. L'air échauffé pénètre dans les serres par des bouches de chaleur ménagées de distance en distance; ces bouches sont garnies de petits pivots qu'on ouvre plus ou moins, selon les besoins, de manière que l'on peut avoir 20 degrés dans la serre chaude lorsque les autres sont à 4 ou à 10 degrés. Dès que le feu est allumé l'air chaud entre dans les serres; en moins de 10 minutes la température peut s'élever de 3 à 4 degrés dans la serre chaude la plus voisine du calorifère; dans la serre plus éloignée on peut faire monter le thermomètre de 1 à 2 degrés dans le même espace de temps.

L'air chaud arrive dans les serres avec assez de force pour faire frémir le feuillage, comme s'il était agité par une légère brise d'été.

Cette chaleur est sèche; mais on peut la rendre humide à volonté, ce qui est un des plus précieux avantages d'un mode de chauffage artificiel. Une autre condition non moins digne d'être appréciée dans le système de calorifère dont je parle est l'économie du combustible.

Il est important, avec un calorifère à air chaud, d'avoir un très-bon tirage, sans lequel on serait exposé à avoir de la fumée dans les serres.

M. Delacretaz, pour tirer parti de la chaleur de la fumée, a fait établir un petit canal souterrain de 50 centim. de hauteur et de 40 de largeur, recouvert en plaques de fonte dans son parcours dans la serre. Il a si bien réussi qu'à peine si la dernière plaque de recouvrement est tiède après y avoir fait long-temps du feu. Ce conduit souterrain se rend dans une cheminée de 35 mètres d'élévation et très-éloignée des serres. Cette cheminée se trouve au milieu d'une fabrique et reçoit aussi toutes les fumées des ateliers. Le registre qui règle le tirage du fourneau du calorifère n'a pas 5 centim. d'ouverture.

A cheval sur l'orifice du foyer est un vase en cuivre maintenu plein d'eau au moyen d'un autre vase placé en dehors du calorifère et indiquant le niveau du vase intérieur, qui doit toujours être plein; cette eau se dépense très-vite, elle est absorbée par l'air chaud qui la transporte dans la serre.

Les tuyaux en tôle assez mince employés dans ce calorifère sont susceptibles de s'oxyder et d'être détruits assez vite par l'effet de l'air moite intérieur qui les parcourt et de l'humidité dont est saturée l'atmosphère de la serre qui les enveloppe à l'extérieur; chacun sait aussi qu'une surface métallique se refroidit promptement. Pour parer à ces deux graves inconvénients, M. Delacretaz enveloppe ces tuyaux de plâtre coulé avec des morceaux de briques, c'est-à-dire que le tuyau se trouve entre deux dalles et que le vide est comblé avec du plâtre et des morceaux de briques, le plus qu'il a été possible; le tout est recouvert avec une plaque en plomb à rebord, afin d'y pouvoir mettre du sable sur lequel on pose des pots.

De cette manière M. Delacretaz évite l'humidité sur ses tuyaux. C'est ainsi que sont disposés les conduits de chaleur de la serre chaude. Les conduits des autres serres sont enterrés dans le sol au milieu d'une voûte circulaire en briques; au-dessus sont les bâches isolées de l'air chaud. Avec ces précautions les tuyaux en tôle peuvent se détruire sans que la forme cylindrique qui les entoure en soit altérée. Ces conduits ont une épaisseur de 12 centim. et plus, et ne sont pas sujets à un refroidissement prompt.

Cette amélioration est due à M. Delacretaz. Le feu de ce chauffage étant allumé à cinq heures du soir et continué jusqu'à dix, le matin à sept heures l'air qui parcourt les conduits est encore chaud.

Voulant avoir et utiliser des bâches sur le devant des serres, M. Delacretaz a isolé ses conduits de chaleur en faisant faire au-dessus, à 10 ou 12 centim., un plancher en chêne; sur ce plancher est appliquée une couche de mortier hydraulique recouverte encore de bitume de Seyssel; ce dessus forme une bâche pouvant contenir de 35 à 40 centim. d'épaisseur de terre dans laquelle les plantes végètent parfaitement bien. Les serres de M. Delacretaz sont très-belles et peuvent servir de modèle comme construction et comme système de chauffage.

Un mode de chauffage qui ne nécessite pas d'entretenir le feu toute la nuit pour que la gelée ne pénètre pas dans les serres est le plus avantageux; or, tous les calorifères à air chaud présentent cette qualité essentielle, surtout lorsque, comme M. Delaire, on sait saturer cet air d'un degré d'humidité bienfaisante.

Honneur donc à M. Delaire pour les améliorations qu'il a apportées à ce système de chauffage dont l'air est constamment renouvelé! C'est tout ce que l'on pouvait imaginer de mieux.

FIN.

TABLE.

ERRATA.

Page 3, 2ᵉ colonne, *au lieu de* : 1° Bois ou châssis ; *lisez* : Bâches ou châssis.

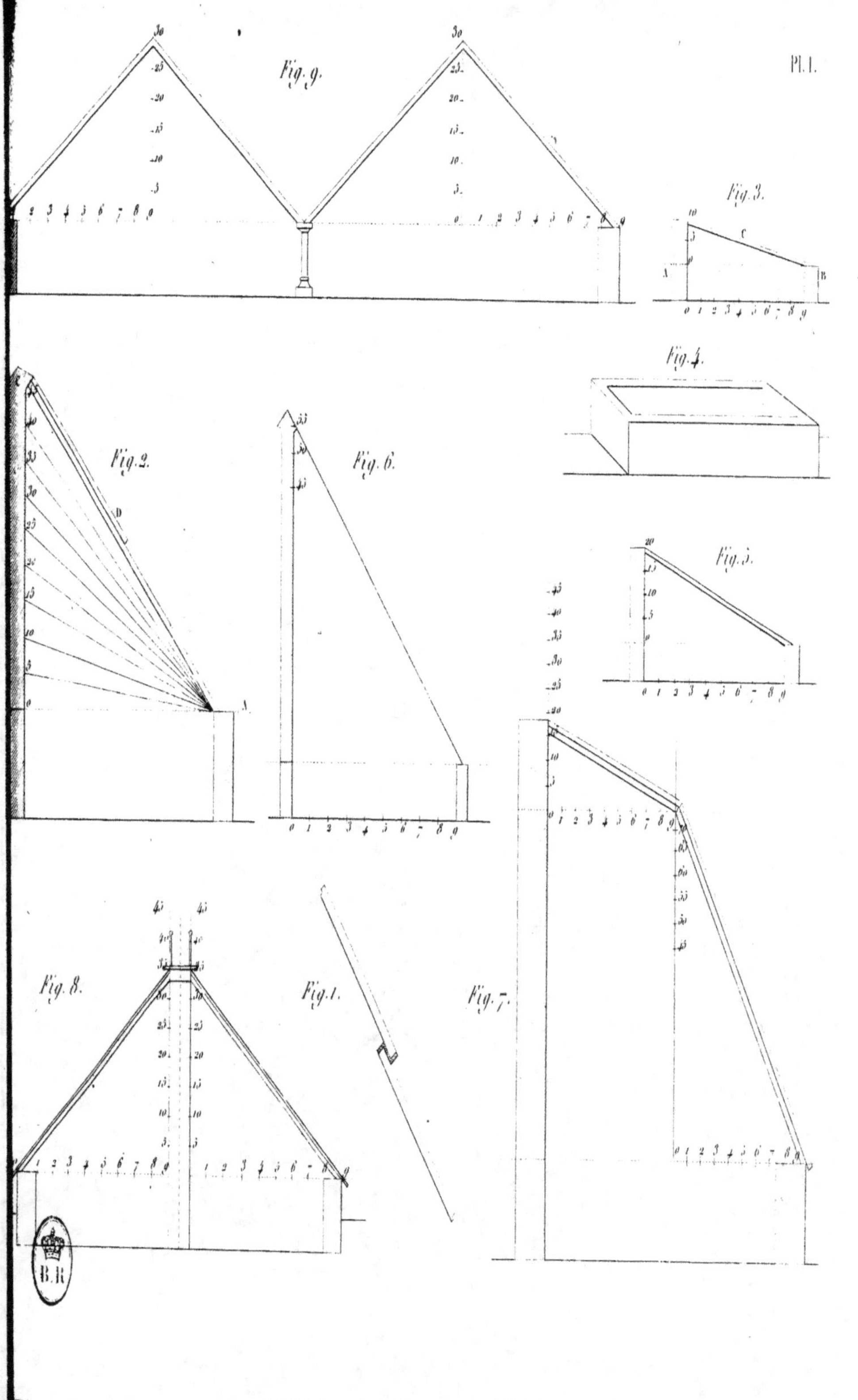

Pl. 1.
Fig. 9.
Fig. 3.
Fig. 4.
Fig. 2.
Fig. 6.
Fig. 5.
Fig. 8.
Fig. 1.
Fig. 7.
A
B
C
D
B.R

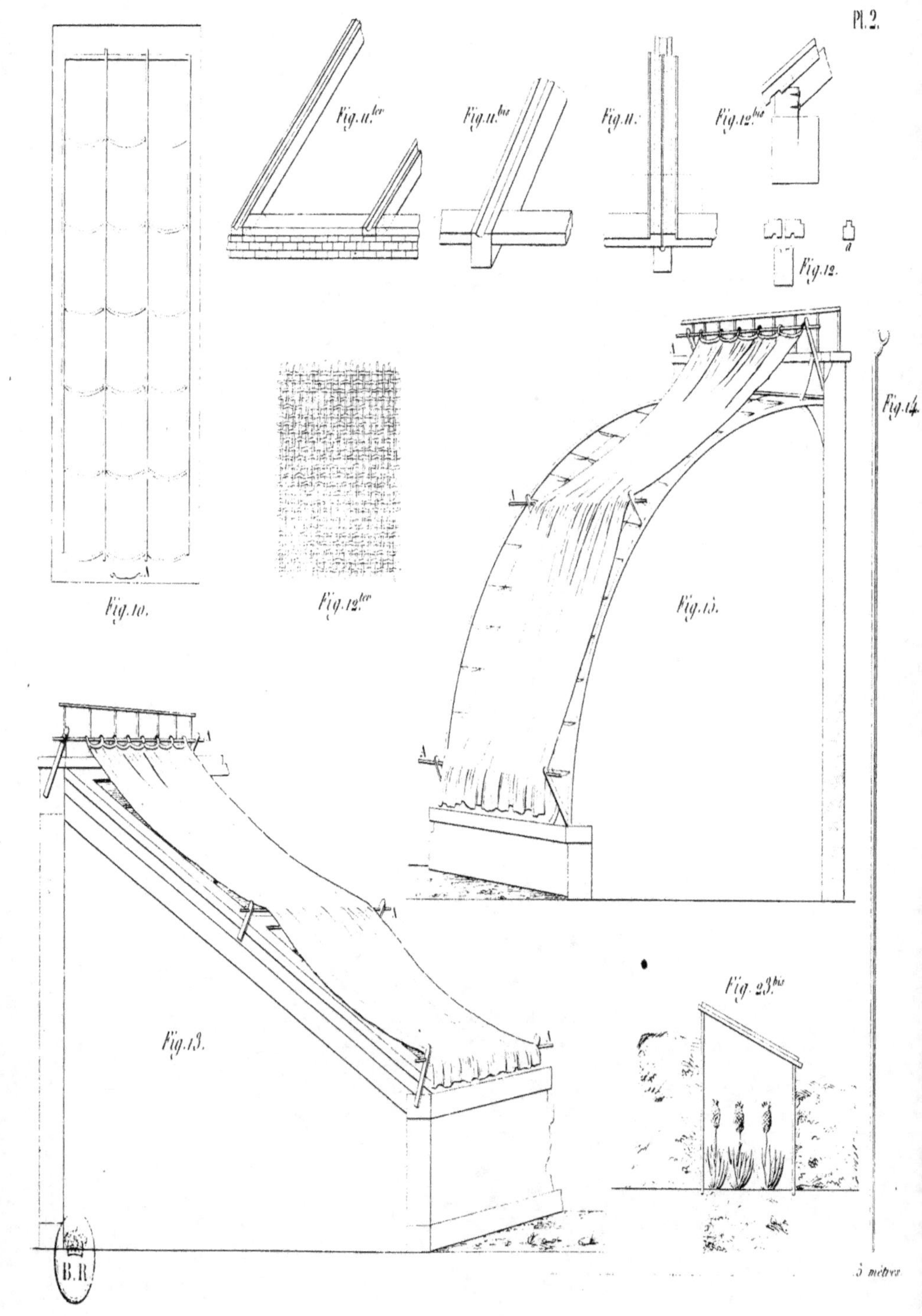

Fig. 11.ter
Fig. 11.bis
Fig. 11.
Fig. 12.bis
a
Fig. 12.
Fig. 10.
Fig. 12.ter
Fig. 14.
Fig. 15.
A
Fig. 13.
Fig. 23.bis
B.R
5 mètres

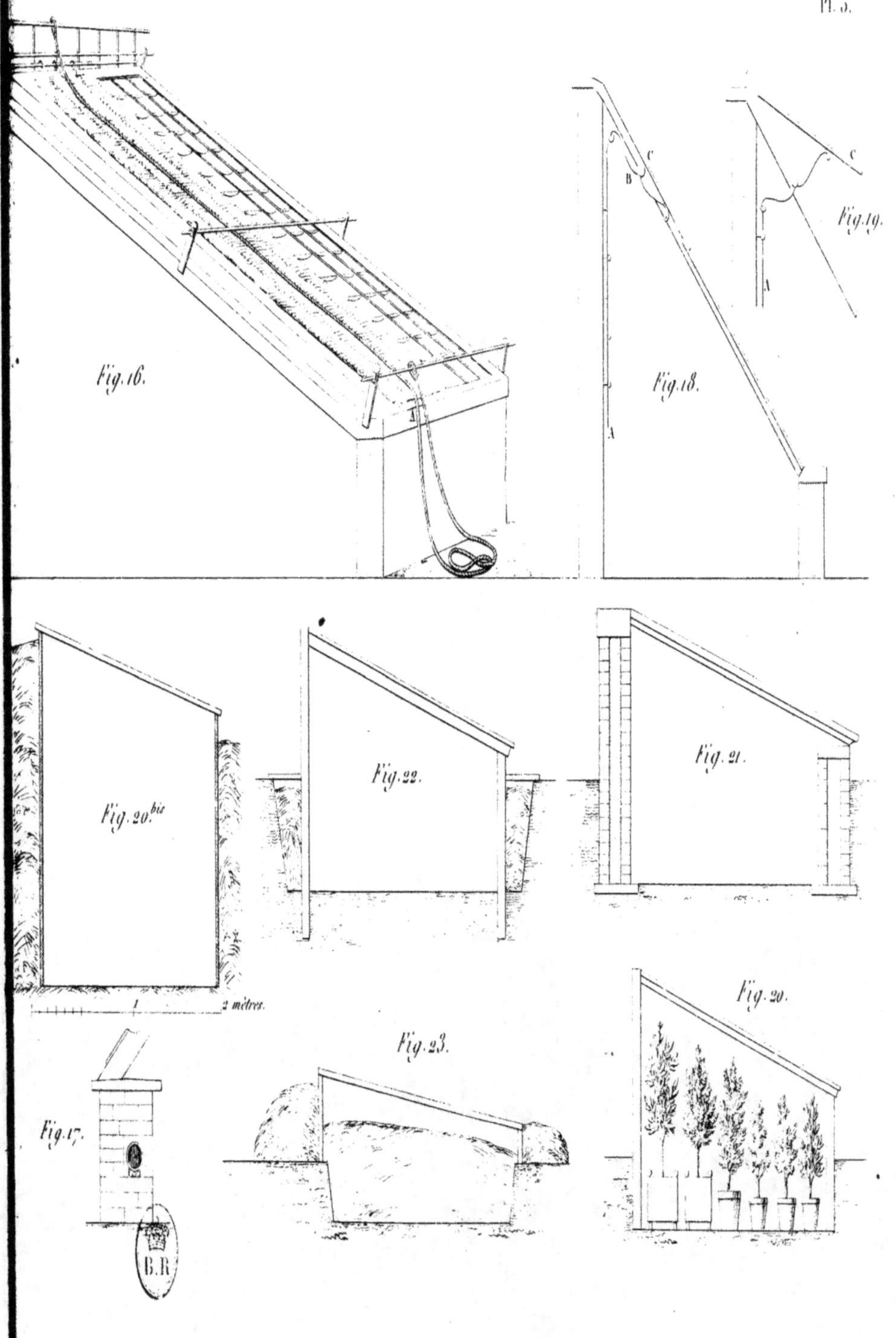

Fig.16.
Fig.18.
Fig.19.
Fig.20bis
Fig.22.
Fig.21.
Fig.23.
Fig.20.
Fig.17.
B.R
1   2 mètres.

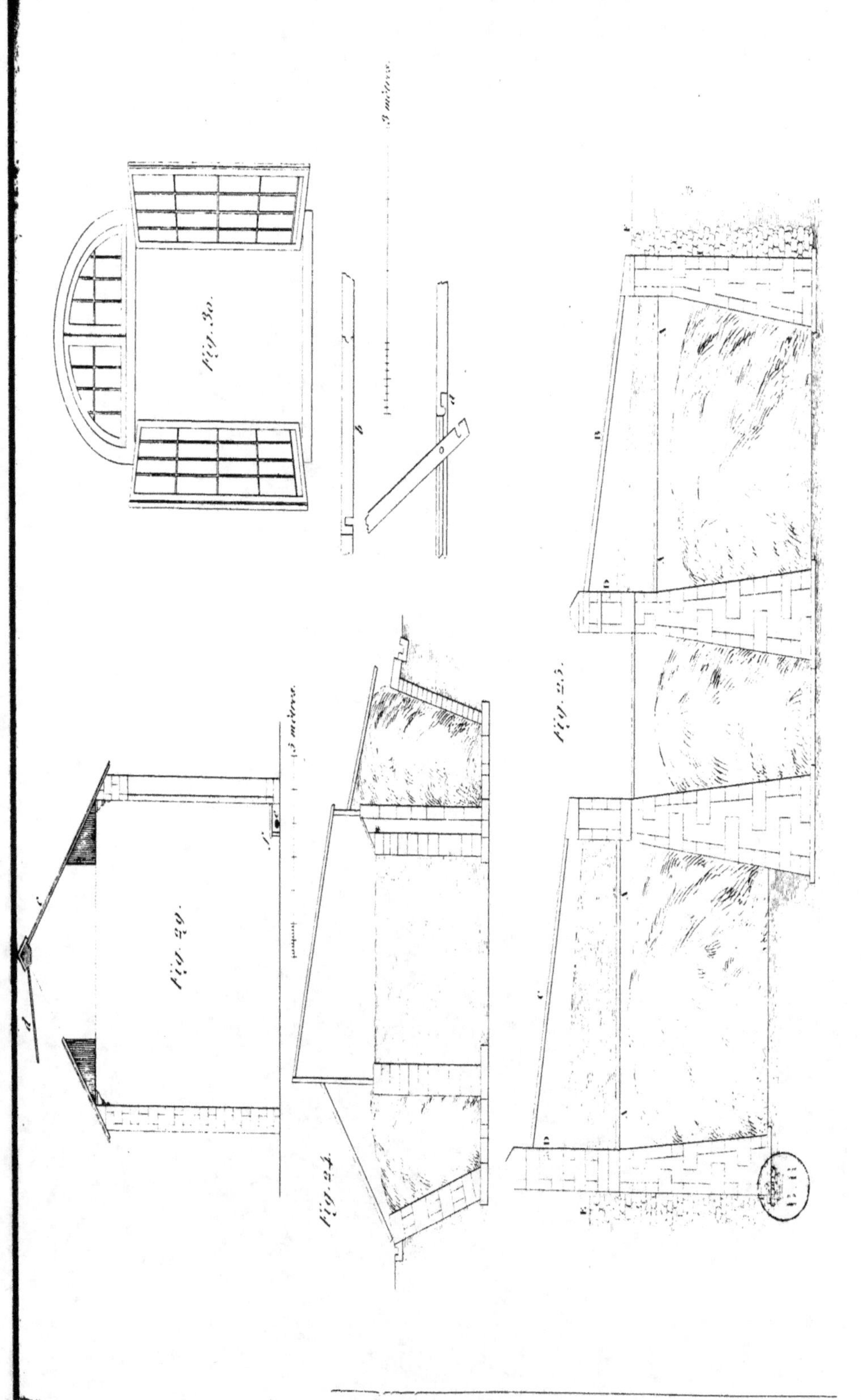

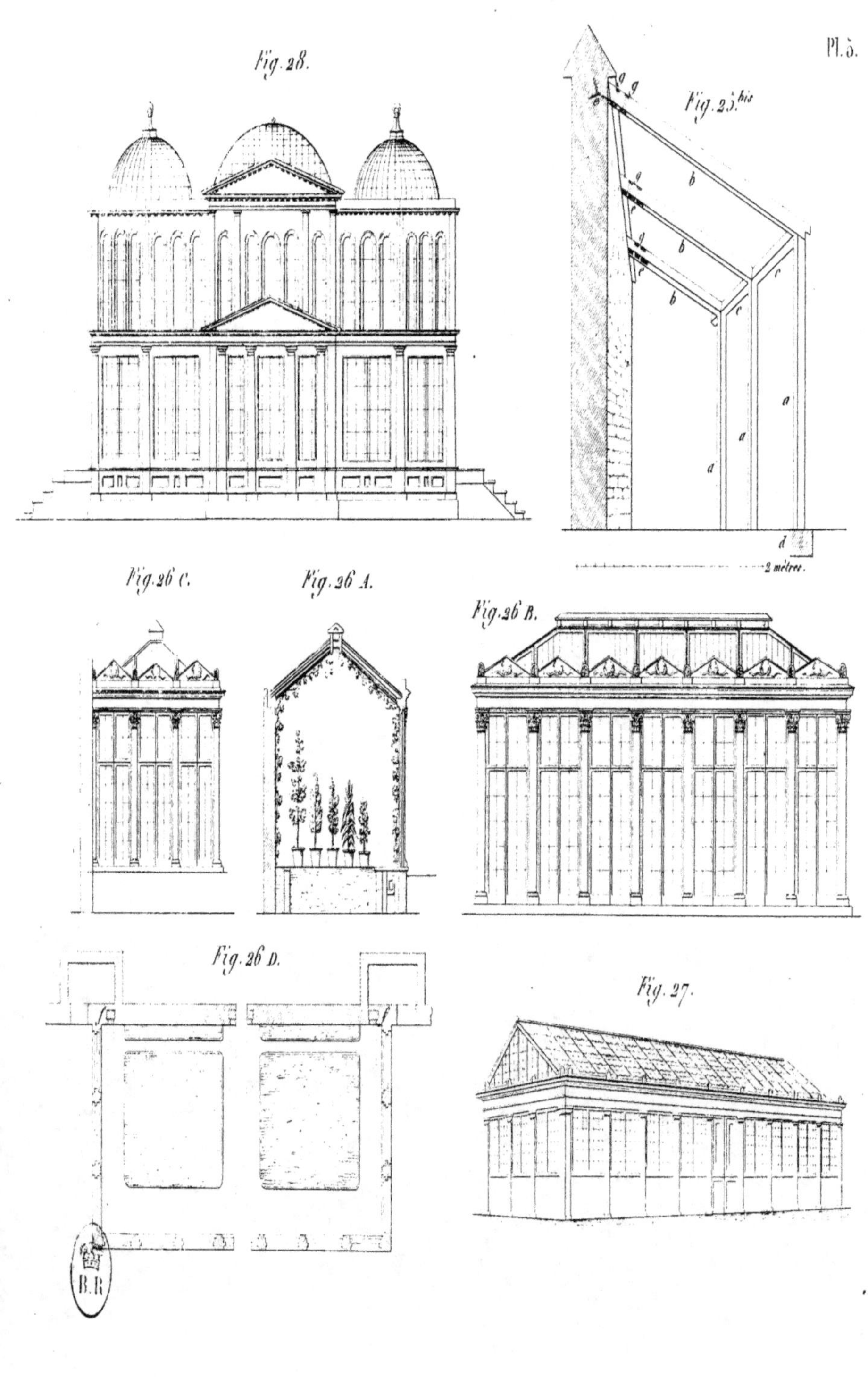

Fig. 28.
Pl. 5.
Fig. 25 bis
2 mètres.
Fig. 26 C.
Fig. 26 A.
Fig. 26 B.
Fig. 26 D.
Fig. 27.
B.R.

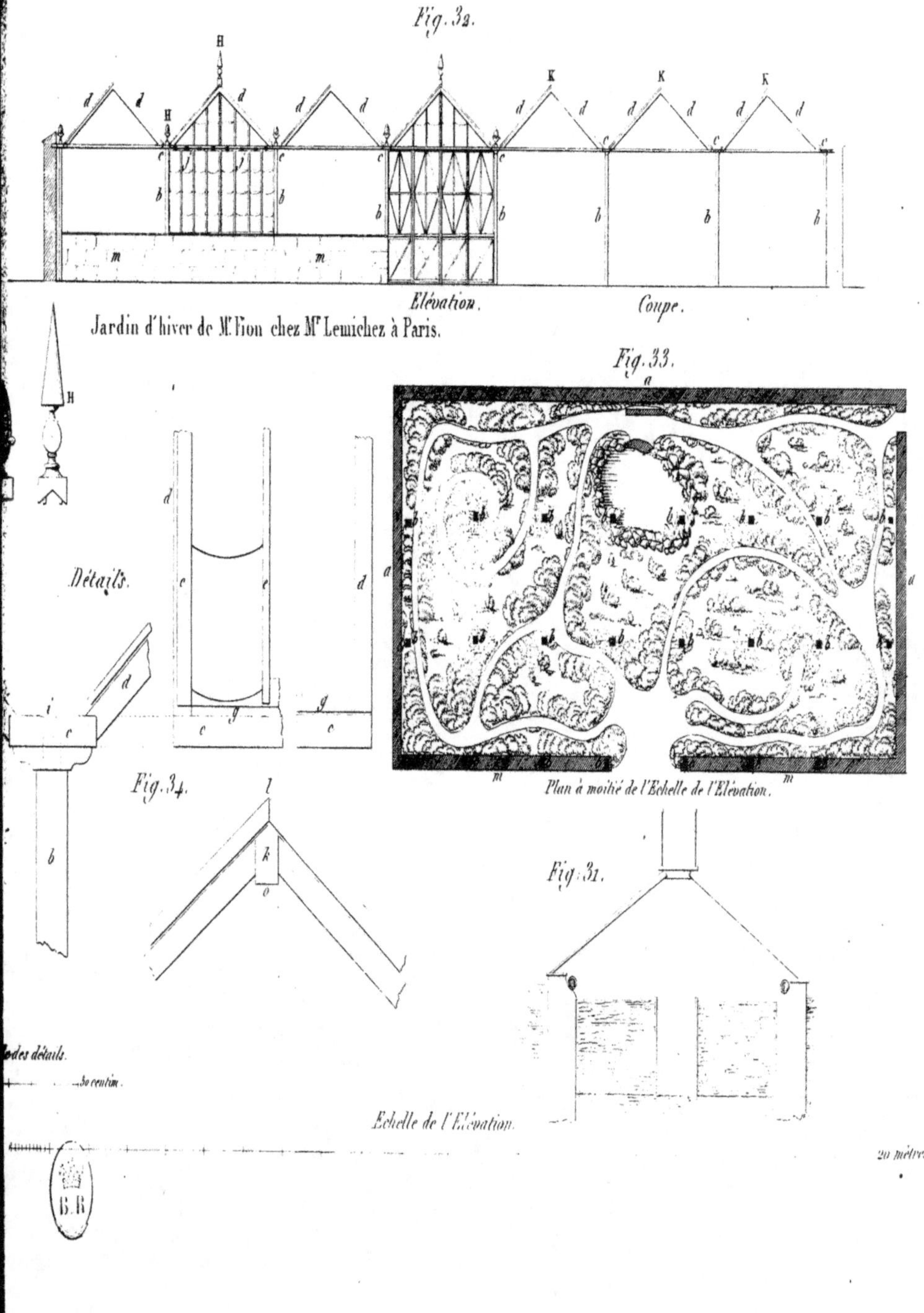

Fig. 32.
Elévation.
Coupe.
Jardin d'hiver de M. Fion chez M. Lemichez à Paris.
Détails.
Fig. 34.
Fig. 33.
Plan à moitié de l'Echelle de l'Elévation.
Fig. 31.
...des détails.
...50 centim.
Echelle de l'Elévation.
20 mètres.
B.R

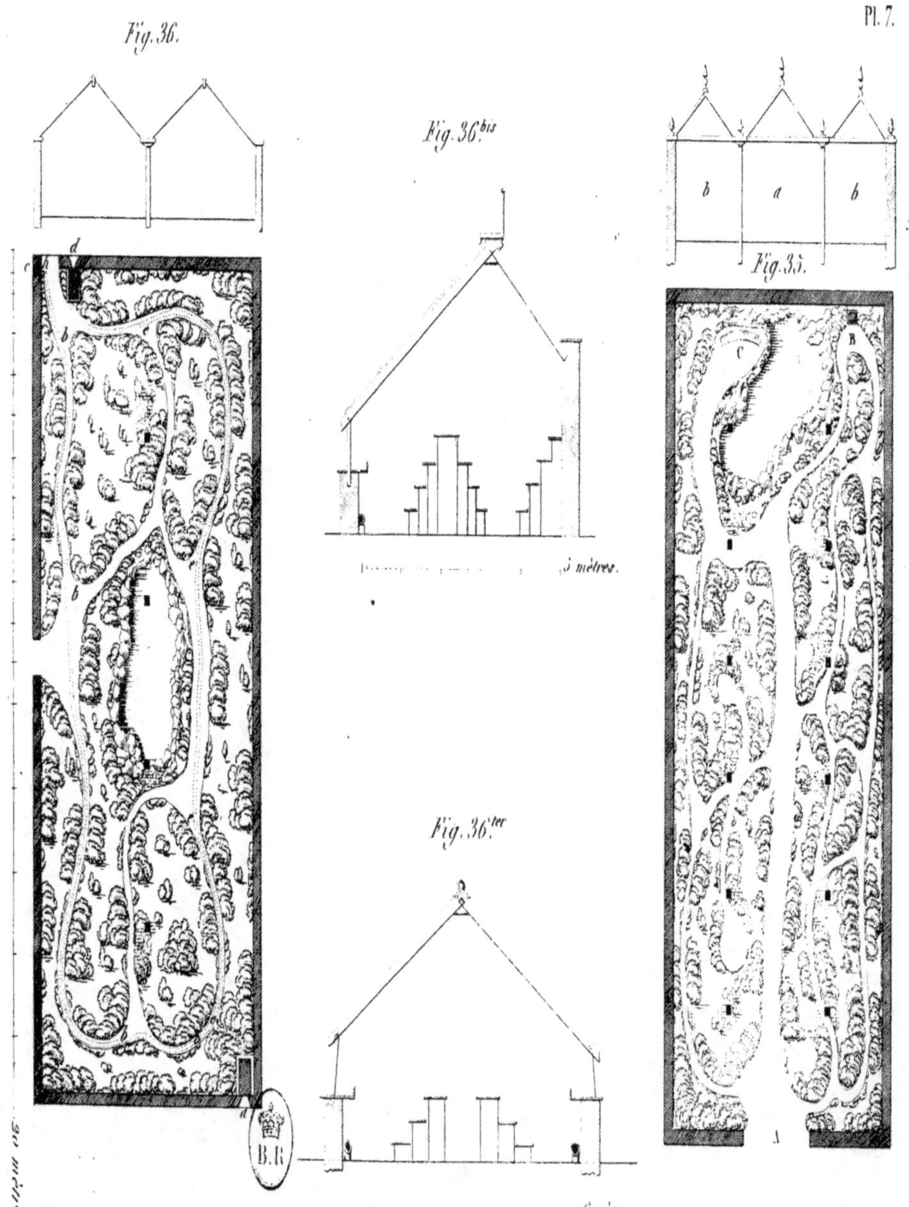

Serre à Camellia de Mr L'abbé Berlèze.

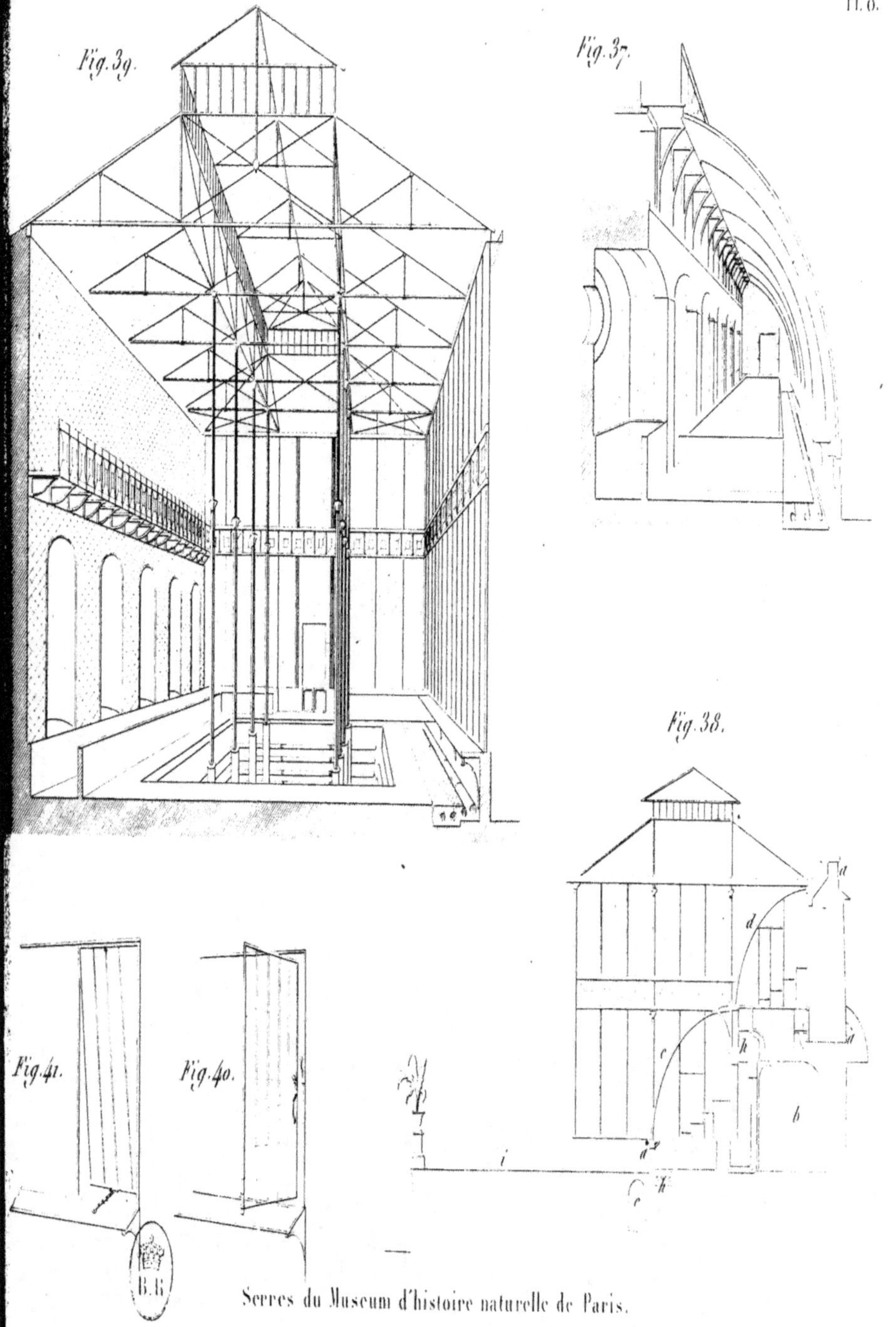

Serres du Muséum d'histoire naturelle de Paris.

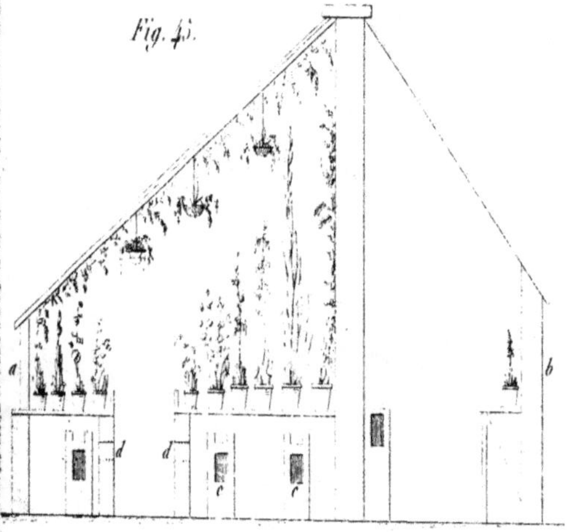

Fig. 45.
Fig. 43. 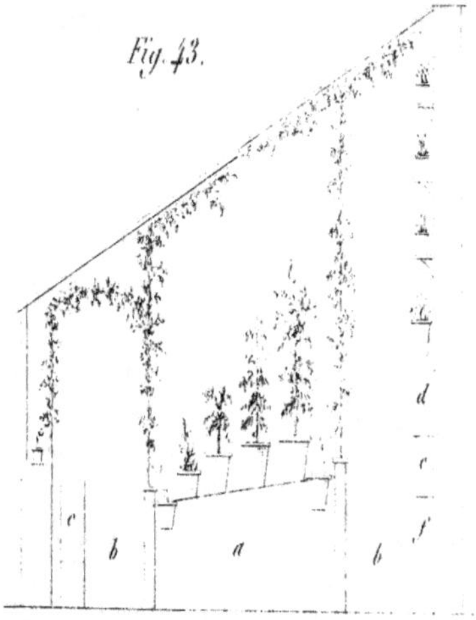
Fig. 47. 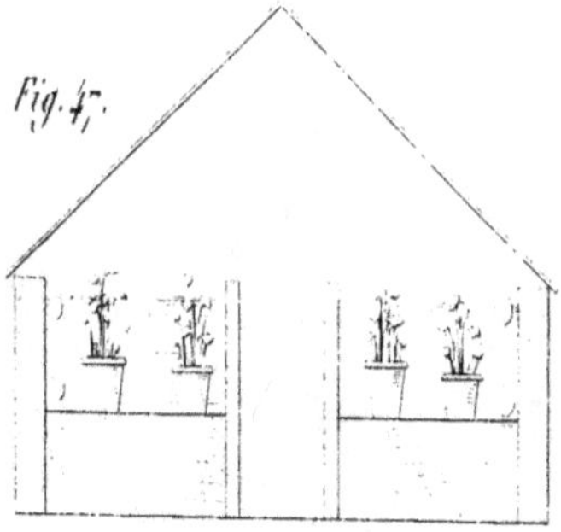
Fig. 42. 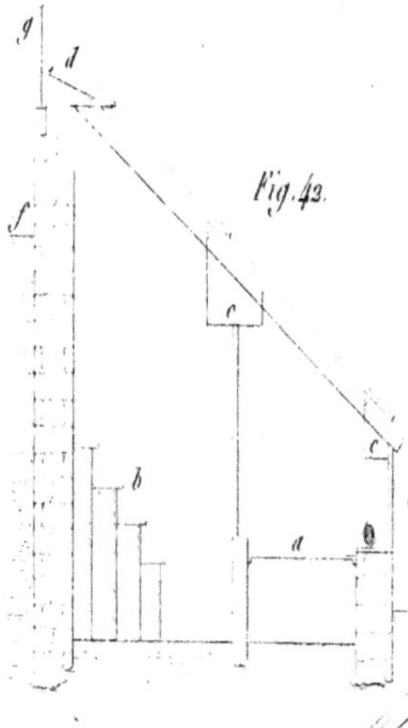
Fig. 46. 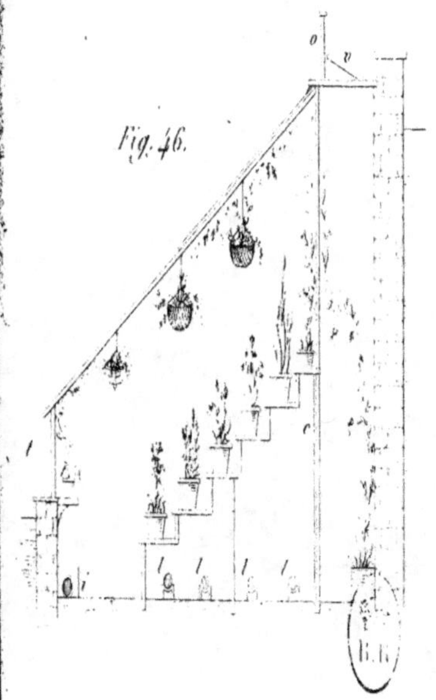
Fig. 44.

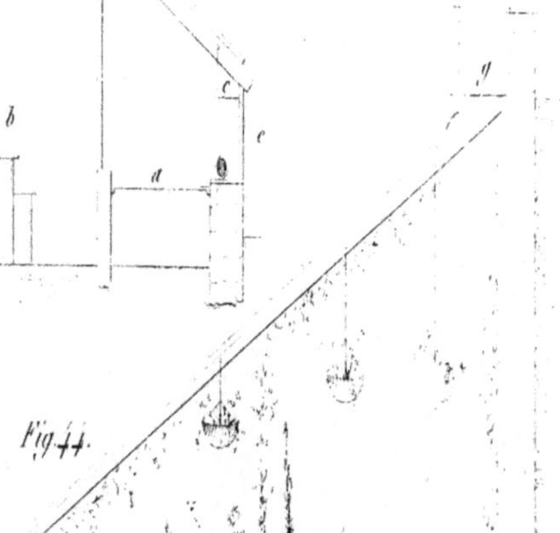

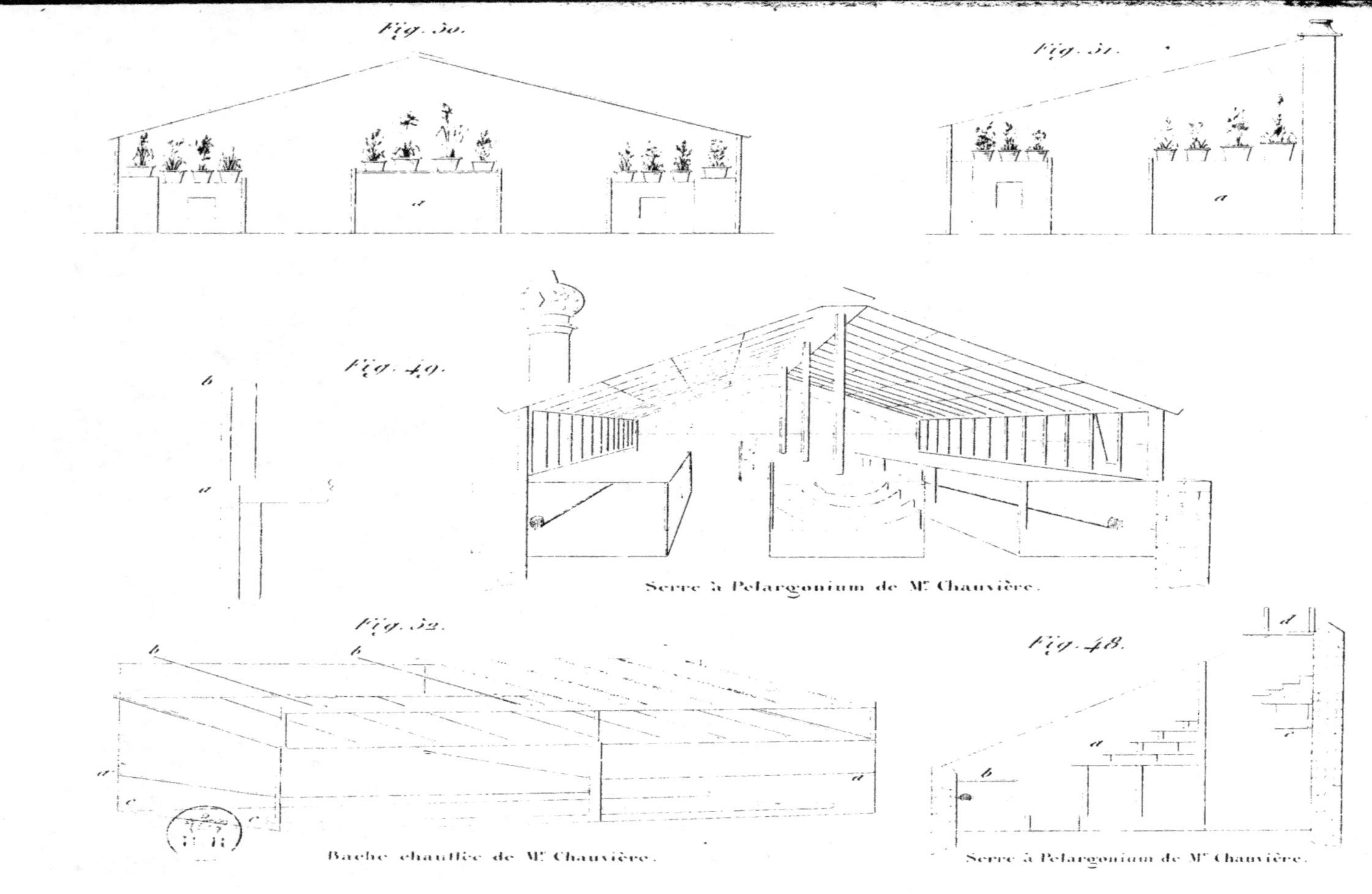

Fig. 50.
Fig. 51.
Fig. 49.
Serre à Pelargonium de M. Chauvière.
Fig. 52.
Fig. 48.
Bâche chauffée de M. Chauvière.
Serre à Pelargonium de M. Chauvière.

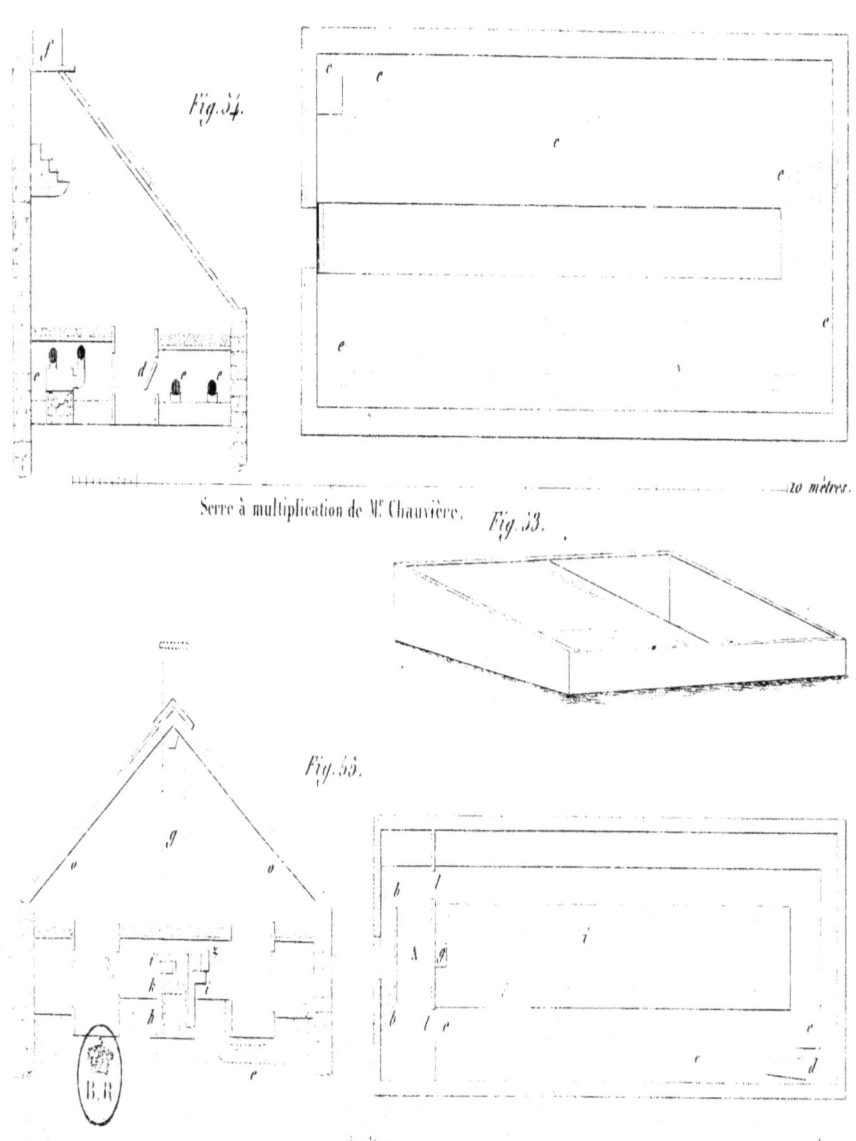

Serre à multiplication de M. Chauvière.

Serre à multiplication de M. Lemichez.

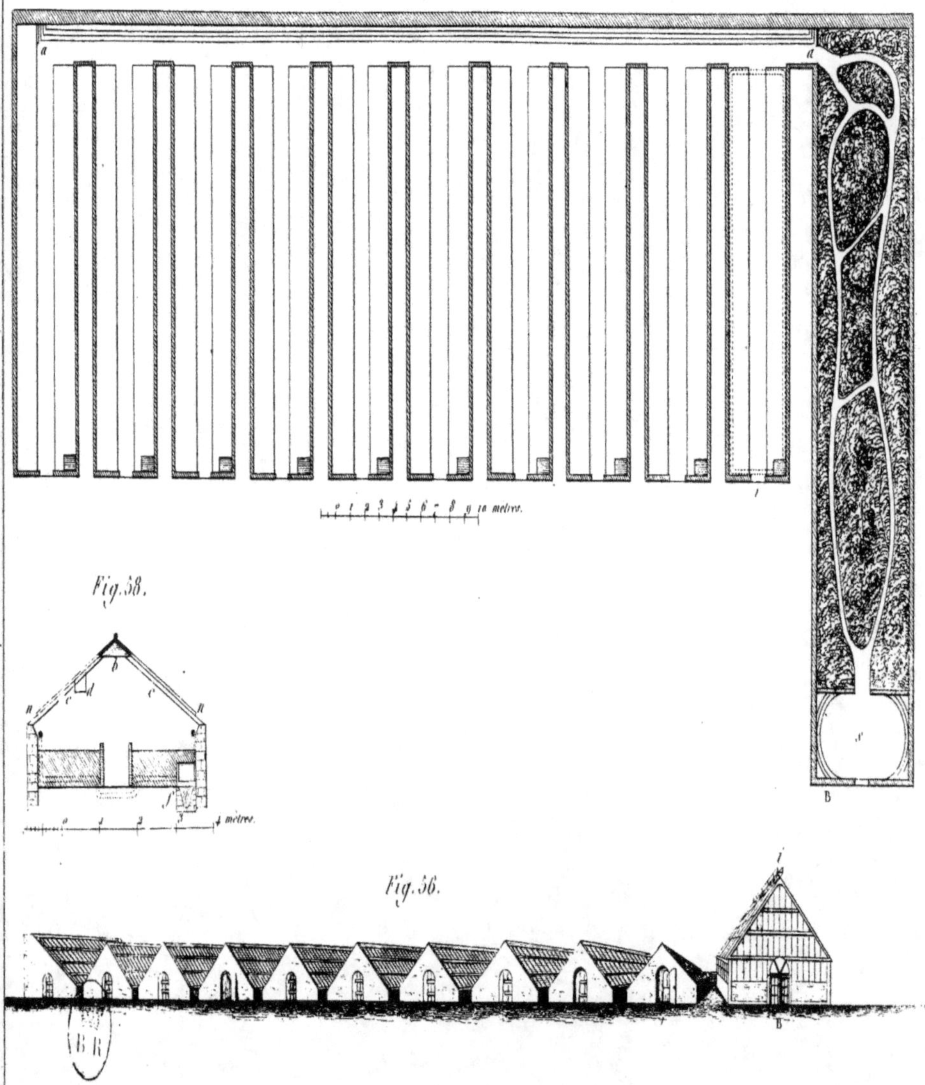

Serres de M. Paillet.

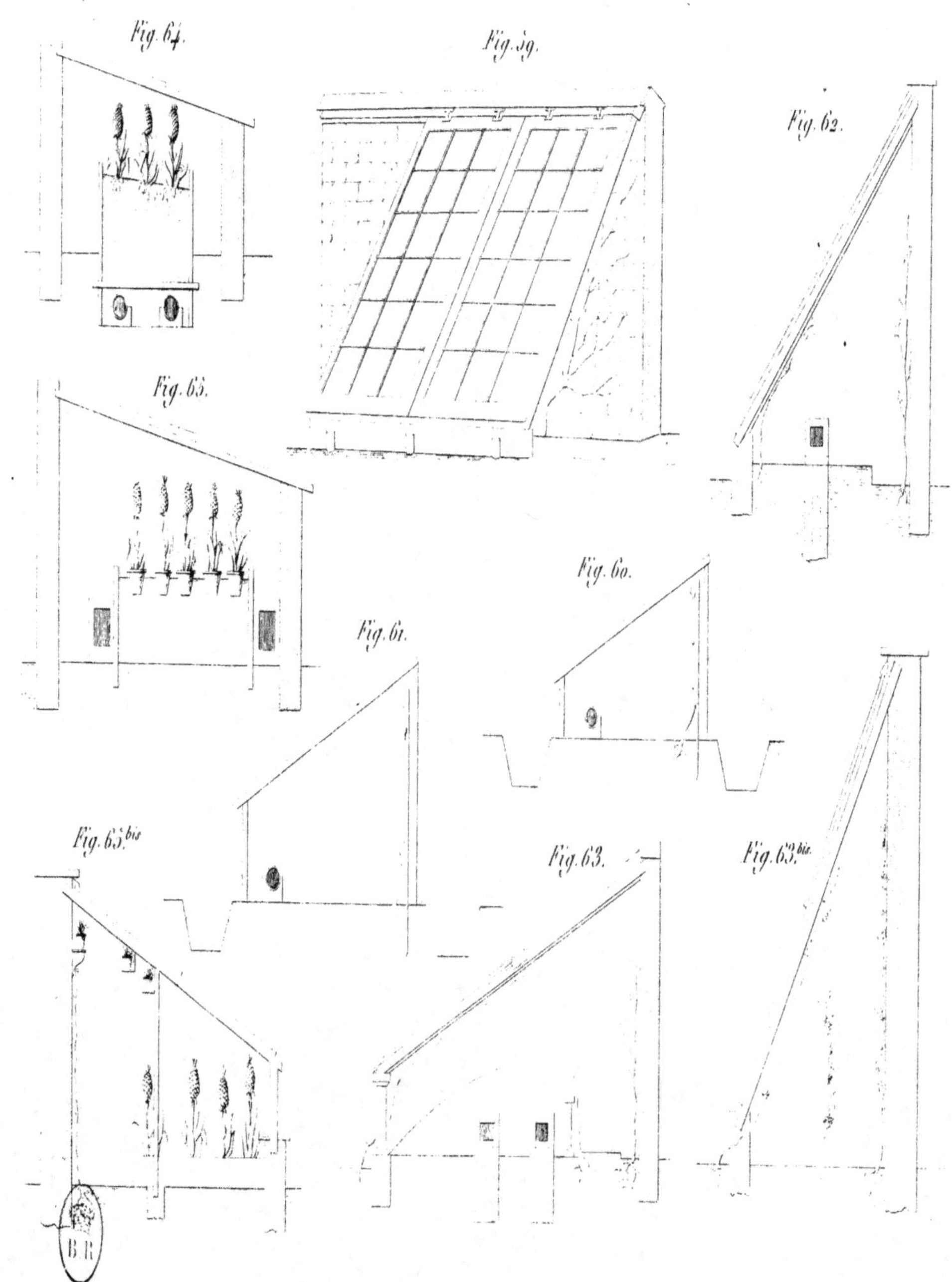

Pl. 15.
Fig. 64.
Fig. 59.
Fig. 62.
Fig. 65.
Fig. 60.
Fig. 61.
Fig. 65.bis
Fig. 63.
Fig. 63.bis
B.R.

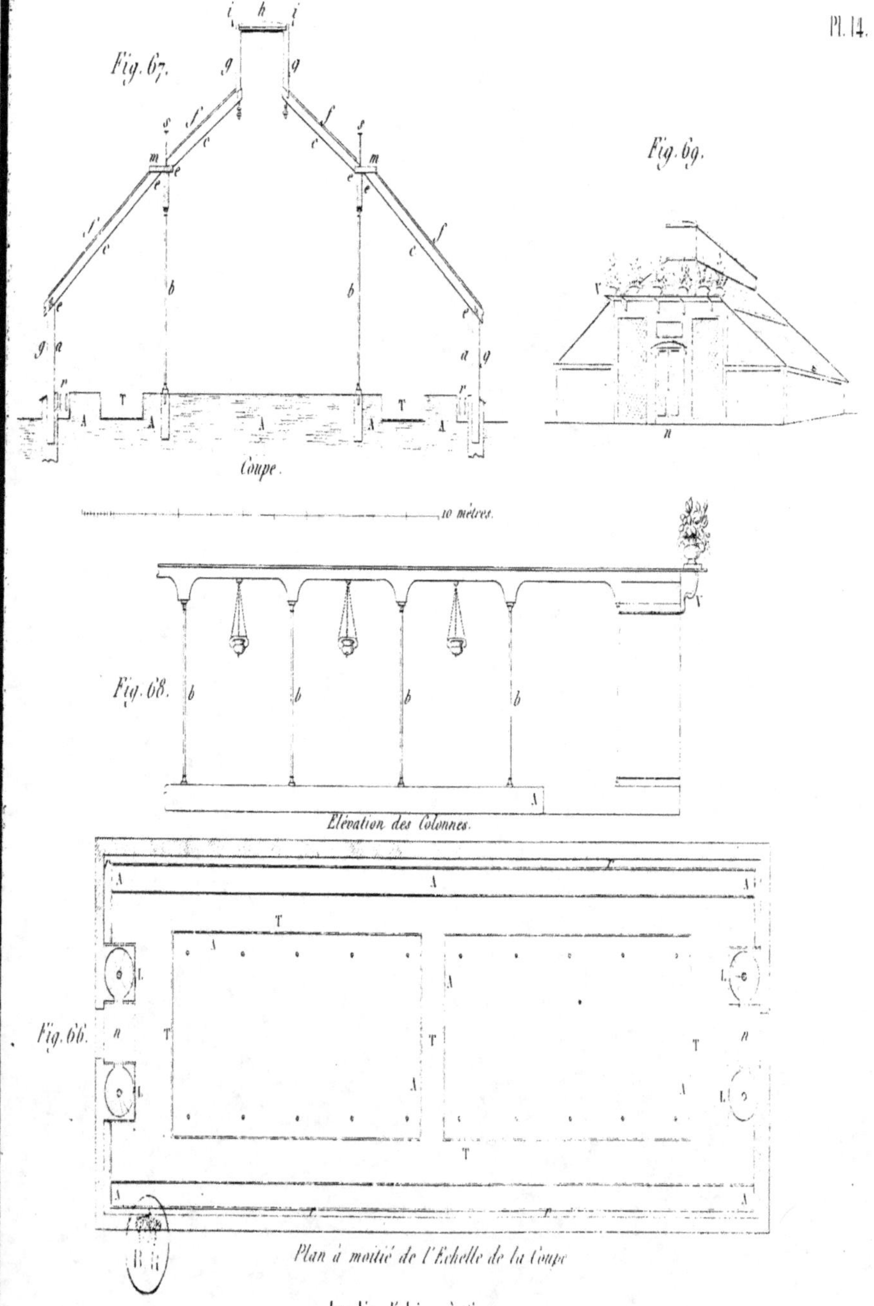

Jardin d' hiver à Suresne.

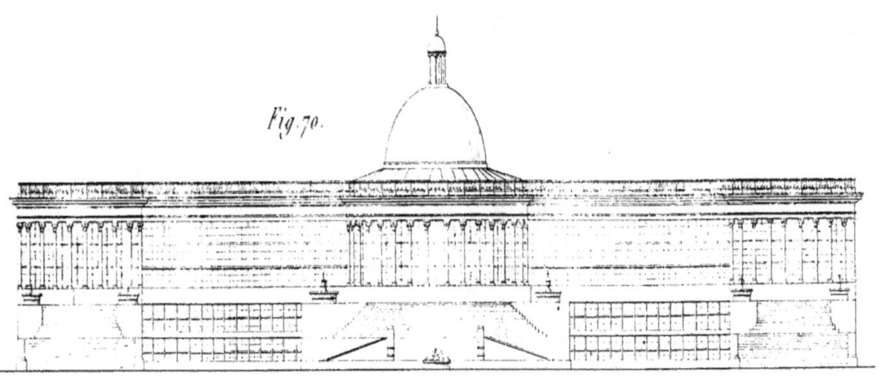

Fig. 70.

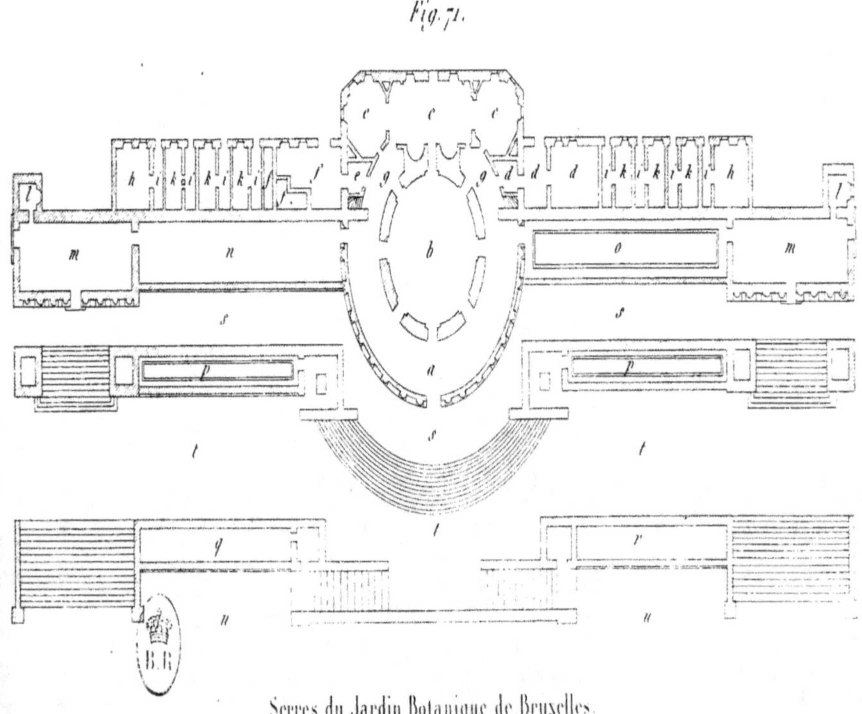

Fig. 71.

Serres du Jardin Botanique de Bruxelles.

Fig. 74.

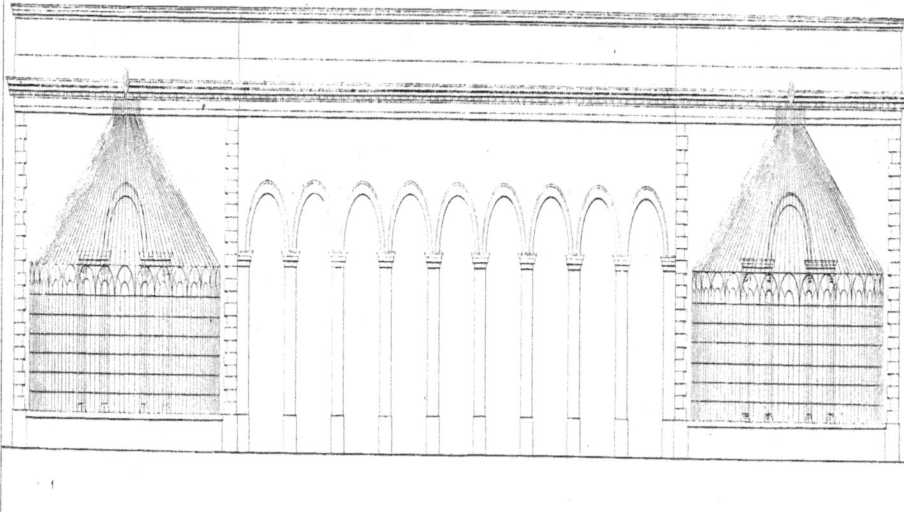

Fig. 73.

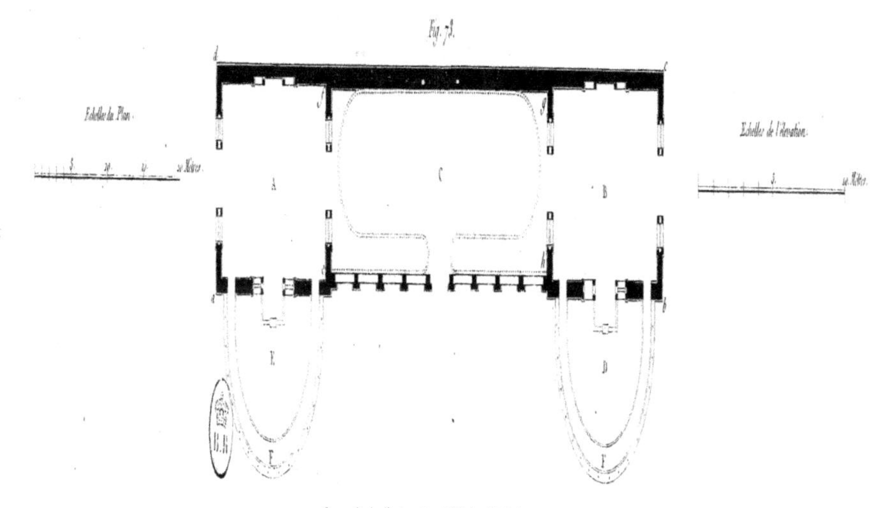

Serres du Jardin Botanique de l'Université de Louvain.

Pl. 18.
Fig. 75. 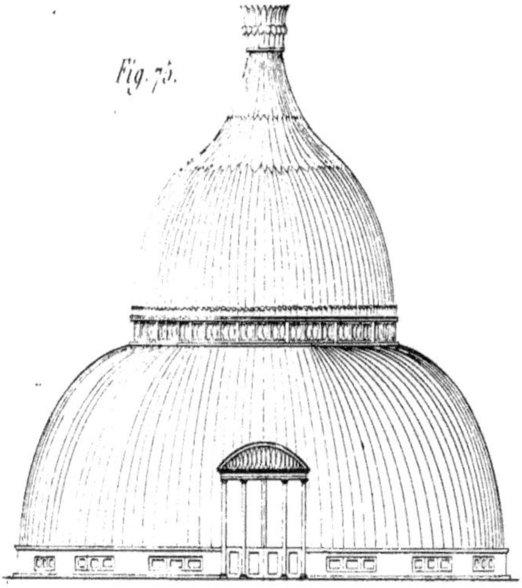
Fig. 76. 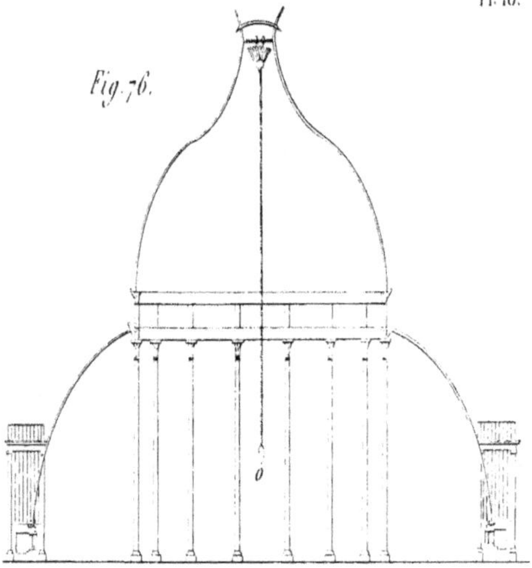
Fig. 77.
Fig. 72.

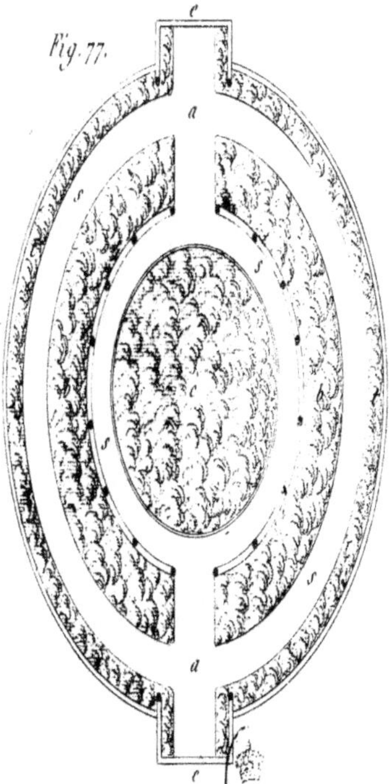

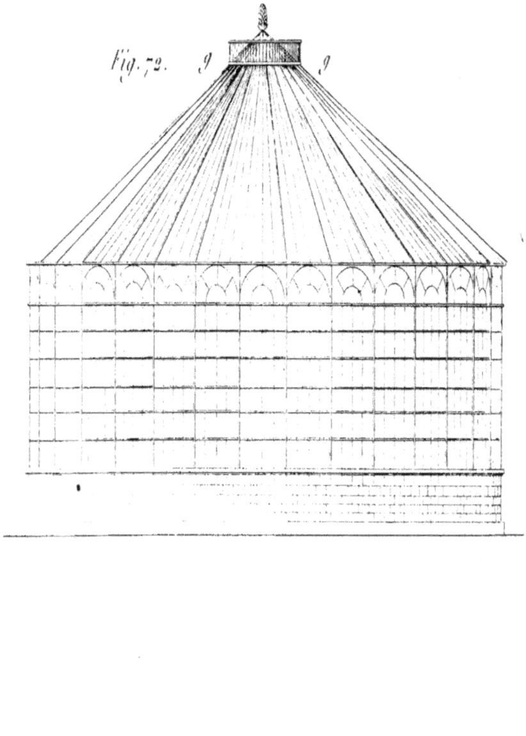

Fig. 81.

Fig. 82.

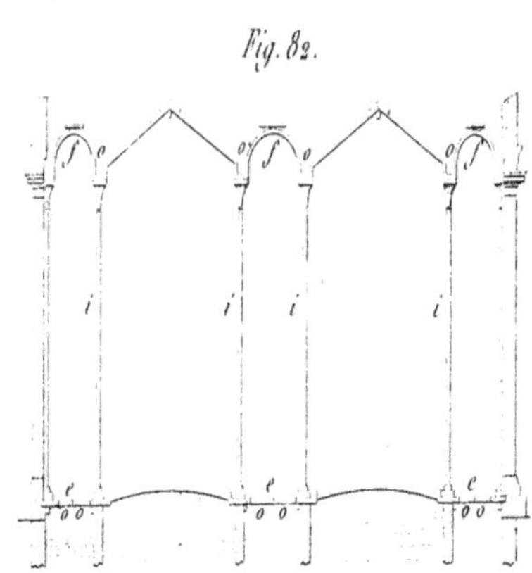

Fig. 78.

Fig. 80.

Fig. 79.

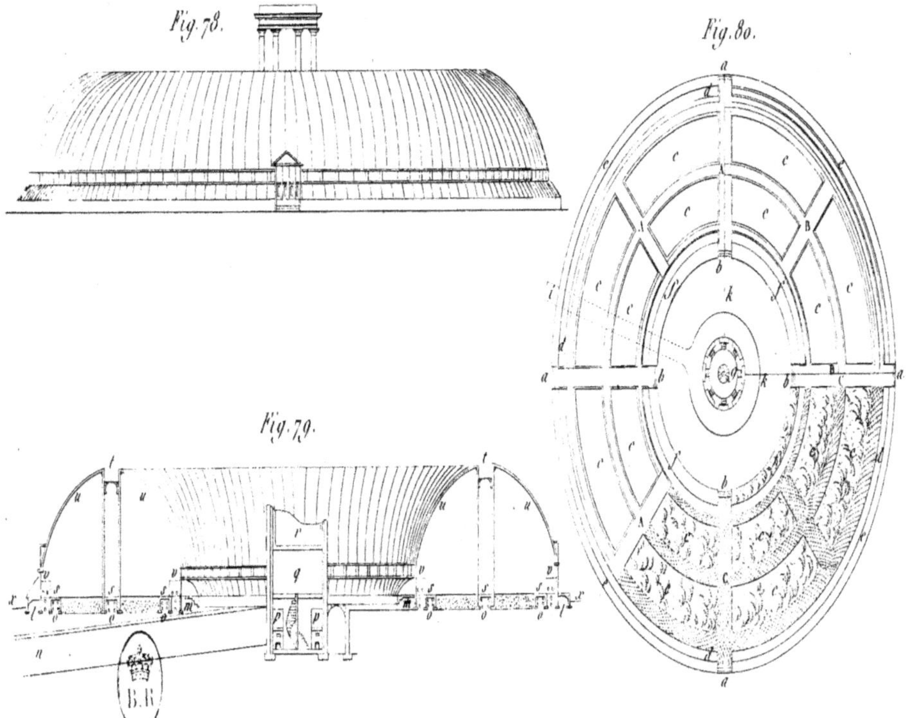

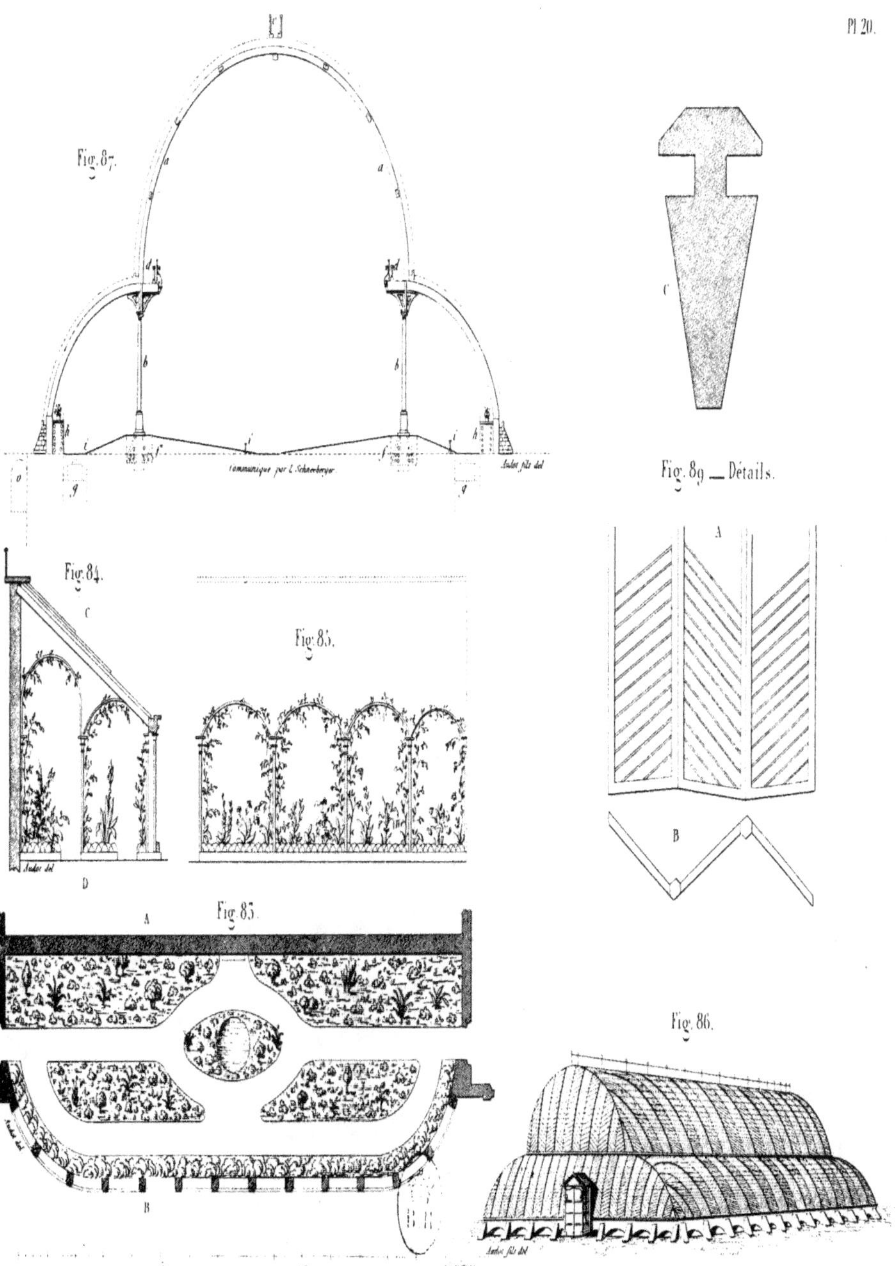

Fig. 87.
communiqué par E. Schœrbeyer.
Audot fils del.
Fig. 84.
Fig. 85.
Audot del.
Fig. 85.
Fig. 89. — Détails.
A
B
Fig. 86.
Audot fils del.
Conservatoire de S.G. le Duc de Devonshire.

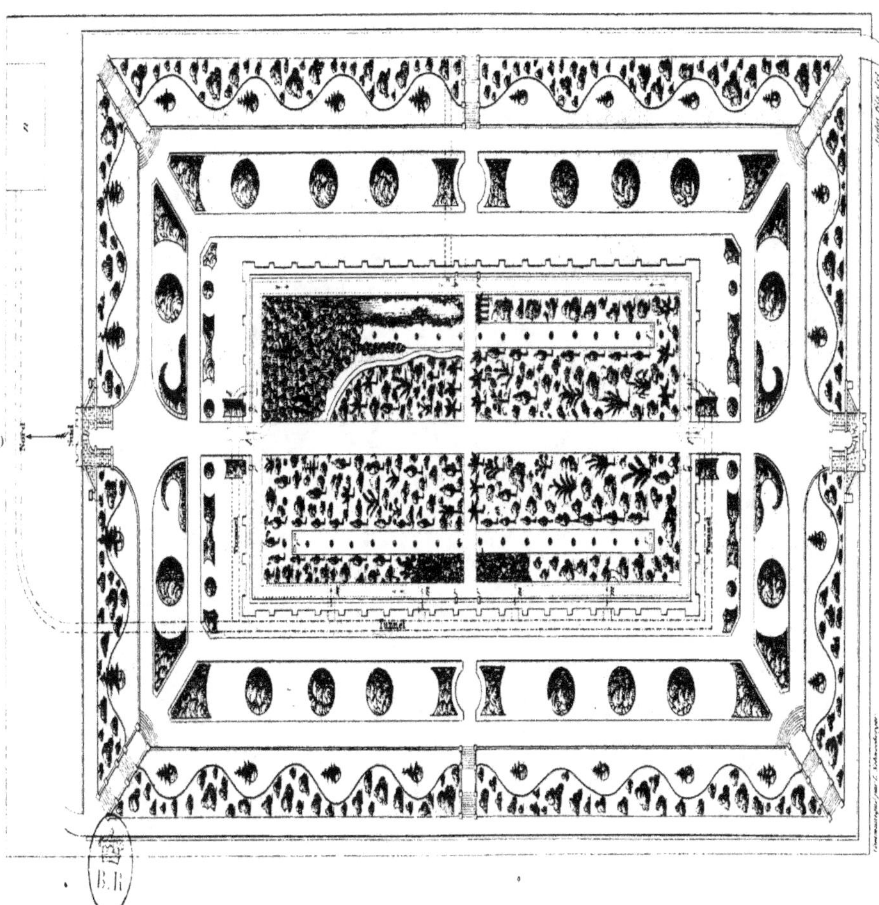

Conservatoire de S. G. le Duc de Devonshire.

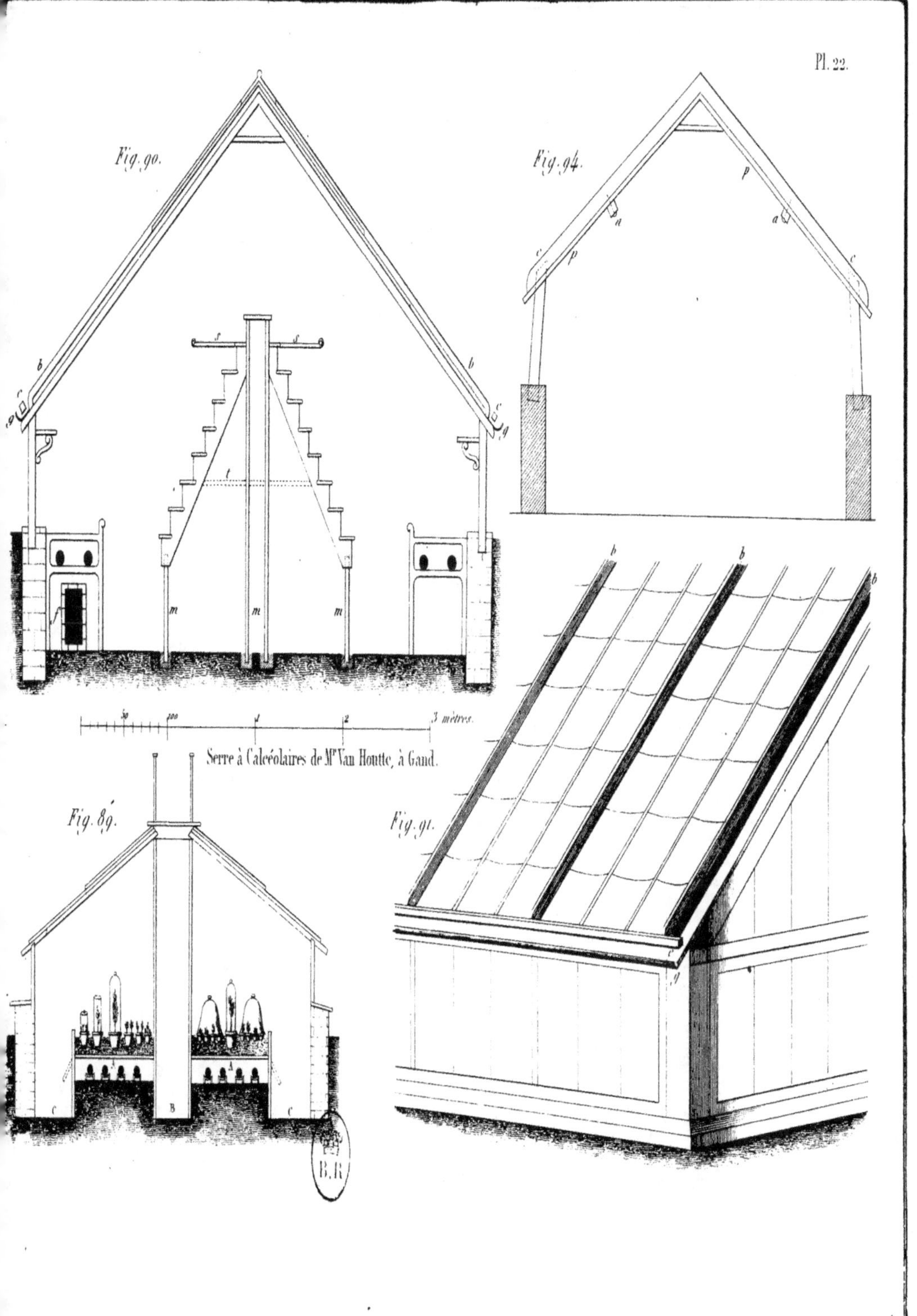

Pl. 22.
Fig. 90.
Fig. 94.
Fig. 89.
Fig. 91.
Serre à Calcéolaires de M. Van Houtte, à Gand.
3 mètres
B.R

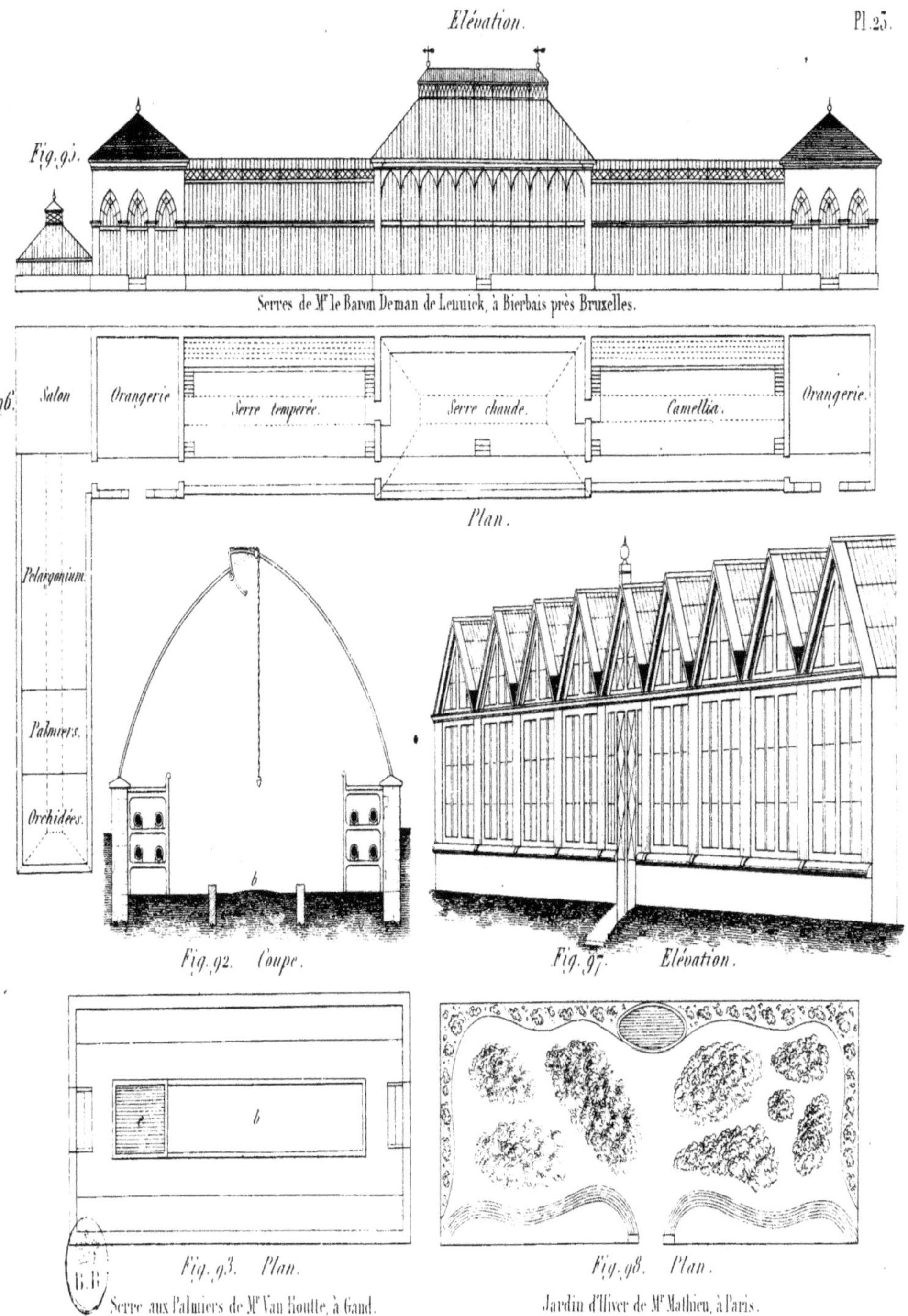
Fig. 95.
Serres de M^r le Baron Deman de Lennick, à Bierbais près Bruxelles.
Fig. 96.
Salon
Orangerie
Serre temperée.
Serre chaude.
Camellia.
Orangerie
Plan.
Pelargonium.
Palmiers.
Orchidées.
b
Fig. 92. Coupe.
Fig. 97. Elévation.
e
b
Fig. 93. Plan.
Serre aux Palmiers de Mr Van Houtte, à Gand.
Fig. 98. Plan.
Jardin d'Hiver de Mr Mathieu, à Paris.